U0150960

机器人崛起

改变世界的 50 种机器人

［英］大卫・汉布林（David Hambling）著
李舒阳　译

机 械 工 业 出 版 社

本书揭开了机器人的面纱，这些曾经只存在于科幻文学中的形象，如今已经比比皆是。从迪拜街头的机器人警察 Reem 到运送包裹的无人机，作者大卫·汉布林介绍了来自各行各业的 50 种各具特色的机器人——它们怎样嵌入我们的文化，怎样工作，有什么社会意义，又预示着怎样的社会发展趋势。本书用专业的笔触、全尺寸照片和精美的绘图，阐述了每种机器人的工作原理、独特功能和广泛用途，是引领读者进入机器人世界的精彩指南。

图书在版编目（CIP）数据

机器人崛起：改变世界的 50 种机器人/（英）大卫·汉布林（David Hambling）著；李舒阳译. —北京：机械工业出版社，2020. 1
书名原文：WE：ROBOT：The Robots that Already Rule our World
ISBN 978-7-111-64253-4

Ⅰ. ①机…　Ⅱ. ①大…②李…　Ⅲ. ①机器人－普及读物　Ⅳ. ①TP242-49

中国版本图书馆 CIP 数据核字（2019）第 266840 号

机械工业出版社（北京市百万庄大街 22 号　邮政编码 100037）
策划编辑：徐　强　责任编辑：徐　强　王　芳
责任校对：宋逍兰　封面设计：马精明
责任印制：孙　炜
北京利丰雅高长城印刷有限公司印刷
2020 年 4 月第 1 版第 1 次印刷
170mm×230mm · 14. 25 印张 · 2 插页 · 209 千字
标准书号：ISBN 978-7-111-64253-4
定价：139. 00 元

电话服务	网络服务
客服电话：010-88361066	机　工　官　网：www. cmpbook. com
010-88379833	机　工　官　博：weibo. com/cmp1952
010-68326294	金　书　网：www. golden-book. com
封底无防伪标均为盗版	机工教育服务网：www. cmpedu. com

目 录

引　言

机器人正在改变世界，可是在探讨机器人之前，首先要定义什么是机器人。机器人与其他机器的区别是什么？人们脑海中的机器人形象，往往是个会说话、会走路的类人机器。然而，这种机器人目前还只存在于科幻文学中。真实世界中的绝大多数机器人既不会走路，也不会说话，长得也不像人类。

找到机器人的词源也没什么帮助。“robot”这个词最早出现于捷克作家卡雷尔·恰佩克（Karel Čapek）1920年的戏剧《万能机器人》（R. U. R.）。剧中他描绘了一群名为“罗素姆万能机器人”的人造工人，“robot”一词在捷克语中是“强迫劳动”的意思。更让人困惑的是，剧中的机器人是用合成有机物制造的，概念上更类似于克隆。

《牛津英语词典》将机器人解释为“能够自动执行一系列复杂任务的机器”。按这个标准，洗碗机、洗衣机一类的机器也属于机器人，但这与人们通常的认知不同。国际机器人联合会将机器人定义为“自动控制且可编程的多用途操纵器，可固定位置或移动”。这个定义在工业领域适用，在其他领域则不准确，比如，手术机器人就不可编程。

早期机器人开发者沿用了科幻文学中典型的机器人形象，进一步加深了机器人就是“机械人类”的印象。1939年纽约世界博览会上，身高2m（6.5ft[1]）、由金属制成的“移动人”（Elektro）亮相，参观者蜂拥而至。Elektro能够响应话语指令，会用典型的机器人声音回答问题，会伸出手指数

[1] 1ft = 0.3048m。

数，还会吸烟。西屋电气公司通过制造 Elektro 来展示其顶尖技术，如光电池和电气继电器。Elektro 其实是假的机器人，它回答问题的文本是事先写好的，也只能表演预先设定的把戏，但 Elektro 所采用的技术在当时已经用于制造真正的工作机器人。

人们通常把代替人类工作的机器称为机器人。1868 年，英国国会大厦前安装了世界上第一组交通灯，由警察手动切换红色、绿色和琥珀色煤气灯，根据铁路信号规则，引导夜间交通。于是，到 20 世纪 20 年代自动交通灯出现时，人们将它称为“机器人警察”。

20 世纪 40 年代，德国研制出外形似飞机但无人驾驶的新型武器——巡航飞弹 V-1，当时英语国家称之为“机器人飞机”（robot aircraft），或者就叫“机器人”（robots），较少见的说法还有“嗡嗡弹”（doodlebug 或 buzz bomb）。如今，无人驾驶飞机一般被叫作“无人机”（drone），而无人机与机器人的定义也有部分重合。

本书对机器人的定义比较宽泛，包含手术机器人和拆弹机器人——尽管有人认为这两种是遥控机器，不属于真正意义上机器人的范畴，但大多数人还是将它们视为机器人。书中也包含多种机器人车辆，海陆空、水下、地下作业的都有；还包含一些需要人类操纵、但无疑具有机器人性质的机器，如假肢手和外骨骼。不过，一直以来最让人们着迷的还是人形机器人。

真正制造类人机器人的历史至少可以追溯到 1495 年，当年列奥纳多·达·芬奇创作的机械骑士设计手稿可以被视为现代机器人的鼻祖。达·芬奇熟知人体关节和肌肉的构造机理，因而利用杠杆和滑轮，在一套盔甲的基础上设计了一具人造人体。该设计不仅能够移动手臂和腿，抬起面罩，还可以通过改变钟表形状的“控制器”中的齿轮设置，让机器人做出不同动作，可以说这是一种非常早期的编程形式了。

我们并不知道达·芬奇设计的机械骑士是否真的存在，但这一设计体现了他对机器人学中一些问题的深刻理解，以及人们从自然界中发现解决方案的可行性。现代机械臂的腕关节和肘关节设计，与达·芬奇机械骑士的相似性绝非偶然。现代工程师在解决关节运动和机械手在三维空间中移动的问题时，选择了与达·芬奇相似的设计方案。

机器人已经存在了几个世纪，但最新一代机器人在功能和性能上取得的突破性进展，以往机器人已不可同日而语。我们曾经认为人类的能力不可超越，而今则不得不面对现实——机器人尽管在行走、开车的时候尚显笨拙，捡苹果也不如人类灵巧，但它们学习的速度很快，机器人在各个领域比肩人类甚至超越人类的时代即将来临，它们已经在一步一步地改变人类世界，未来几十年，改变还会更多。

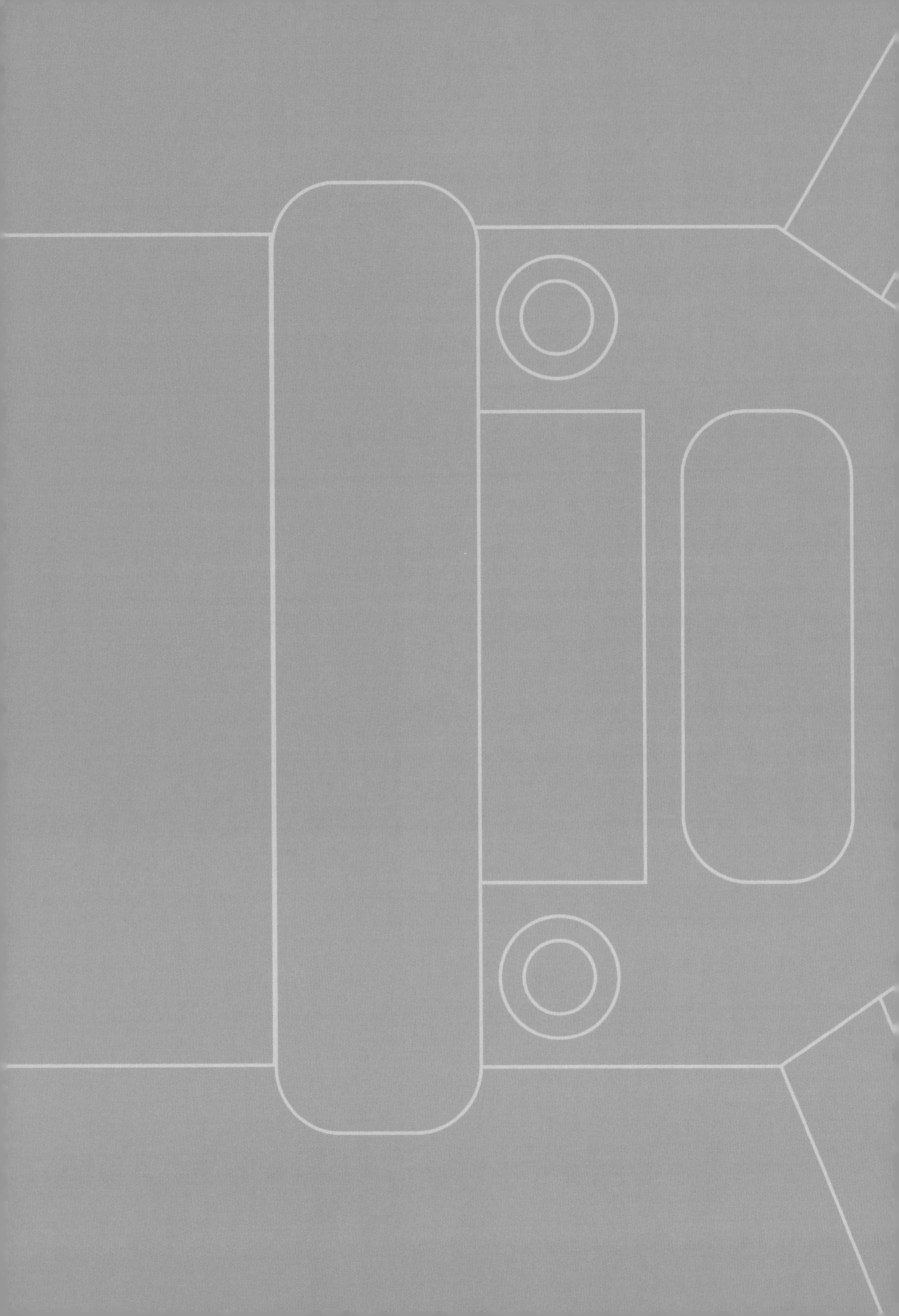

第一章

职业机器人

直到今天，多数机器人还藏身在工厂里。它们诚然是高效而可靠的工人，强壮有力、速度惊人，但另一方面，它们又是半盲的，没法自如地前进，所以它们能够完成的任务类型也十分有限。不过，新研制的机器人正在迅速突破这一局限。

早期工业机器人很危险，必须与人类工人隔离开来。而最新的机器人，例如日本发那科（FANUC）公司推出的装有大量传感器的工业生产线机器人 CR-35iA，能够安全地与人类一起工作，能够同时展现出机器的蛮力与人类的灵巧。另一个相似却小巧得多的机器臂是优傲机器人（Universal Robots）公司推出的 UR-10，这一产品使人机协同的理念更进一步，制造商称它可以自动化地完成任何任务。

几十年来，农业生产已经在很大程度上实现了机械化，但距离将所有工作交给机器这一愿景还差了“最后一公里”。比如，全地形车（ATV）可以代替马背上的牛仔，将牛群围在一起，但还是需要司机来操纵车辆；可以用机器给奶牛挤奶，但还是需要操作员来操控机器；水果类作物也还需要手工采摘。不过，有着奇思妙想的发明家们已经在着手解决这些问题了：莱利宇航员（Lely Astronaut）是一套自动挤奶的机器人系统，SwagBot 是机器人牛仔，机械臂机器人 Agrobot 则能够快速、小心地采摘最柔软娇嫩的水果。

尽管机器人擅长从事无聊的重复劳动，但还是有些看似不复杂的工作，它们一时难以掌握。现在这种情况已不复存在了，擦窗机器人 GEKKO Façade Robot 会清洁摩天大楼的玻璃窗，Alpha Burger-Bot 会烹制并打包美味的汉堡。如果你是在网上购买的这本书，很可能是亚马逊公司的 Kiva 机器人为你在仓库拣的货。再看看头顶上的蓝天，飞机也在经历一场变革——只要乘客们同意，PIBOT 机器人随时可以代替人类飞行员。

并非所有的工作都需要人类手工完成或者指挥操作。如果是检查类工作，机器人完全可以抵达人类无法进入的危险环境，检查并汇报结果。例如 PureRobotics 管道检测系统，它能够进入城市管道内部，检测并远程发送结果。无人机可实时勘测地形，以色列空中机器人（Airobotics）公司推出的 Optimus 一体化无人机系统，无须人类操作就可进行精细的三维地形勘测。

在捷克作家卡雷尔·恰佩克（Karel Čapek）1920 年的戏剧《万能机器

人》（*R. U. R.*）中，服侍人类的机器人群体（或许不可避免地）发动了叛变，可见，机器人反抗人类的创作主题早已深入人心，该主题在先前玛丽·雪莱（Mary Shelley）的小说《弗兰肯斯坦》（*Frankenstein*）中也曾出现过。尽管本书中介绍的机器人不会叛变，但它们走上人类的工作岗位，代替人类的日常角色，很可能引发一场变革。

一直以来，机器人取代人类的话题都颇受争议。早在 18 世纪，卢德主义者为了避免失业，破坏纺织厂的织布机，企图以此对抗工厂的机械化运作。但现在看来，卢德主义者的观点并不成立——机械化革命创造的新职业并不比消失的旧职业少，200 年后的今天，人类依然保有工作。点灯人、办公室信使和制帚匠确实已经不复存在，但接替他们的是网站开发者、数字内容经理和生活教练。据估计，目前 1/3 的在校学生毕业后将从事现在还未出现的工作。

人们在担心机器人会抢夺人类工作的同时不要忘记，劳动并没有我们想象中那么美好，它往往是艰苦且危险的。人类将来大量使用机器人，就不必再从事高风险的体力活。当然，人类也完全可以亲自去做一些机器能做的事，比如烹饪汉堡、摘水果，但人类劳作的目的将不再是被迫谋生，而是取悦自己。

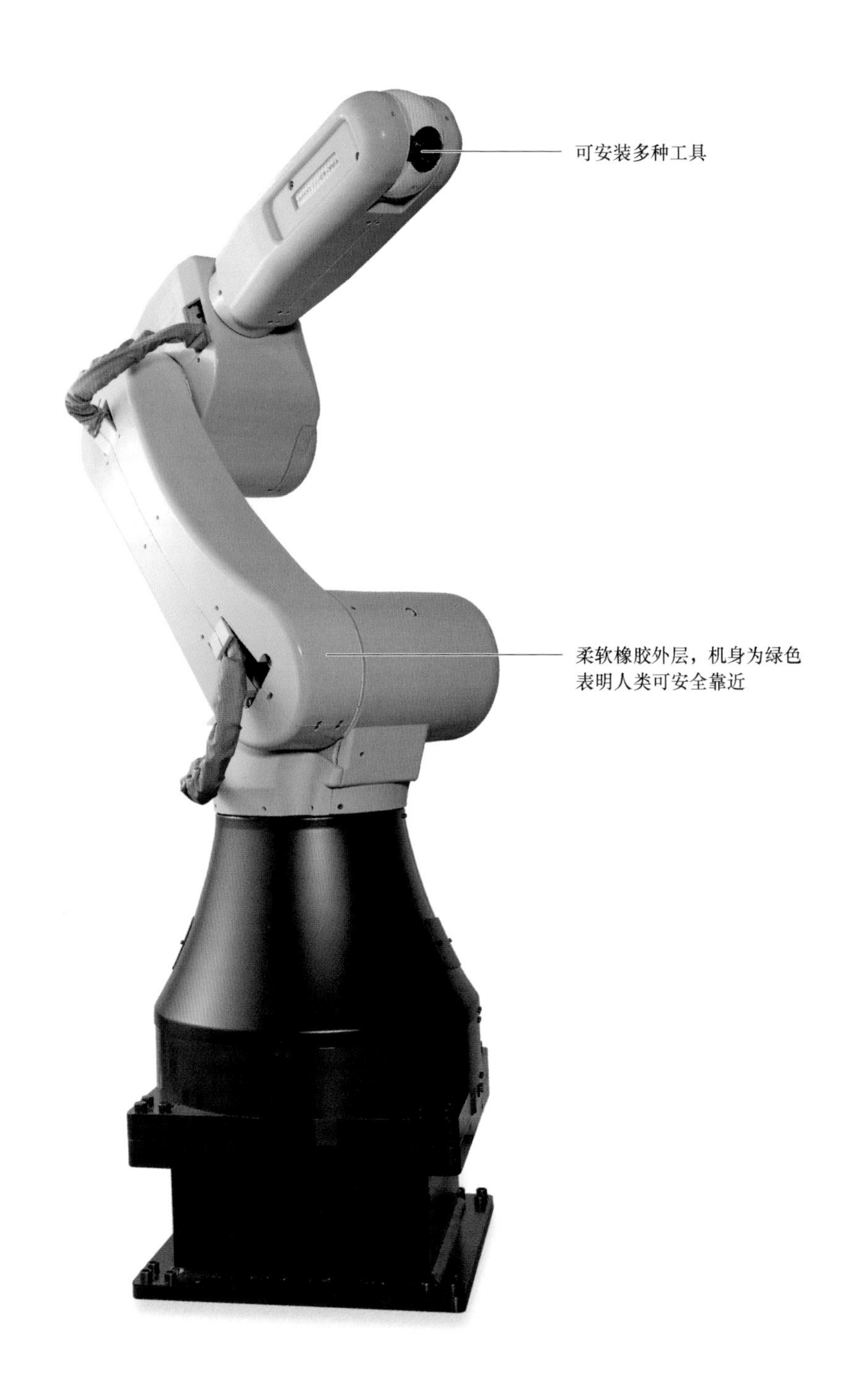
可安装多种工具
柔软橡胶外层，机身为绿色
表明人类可安全靠近
2.8m (9.2ft)

第一节
与人类并肩工作的车间助手 CR-35iA

高度	2.8m（9.2ft）
重量	990kg（2180lb）
年份	2016 年
材料	钢
主处理器	专有处理器
动力	外接市电

有时候，工业机器人可能是危险的同事。1979 年 1 月，罗伯特·威廉姆斯（Robert Williams）在美国密歇根州弗拉特罗克的一家福特汽车厂工作。当时由机器人负责将汽车配件从工厂的一处运往另一处。一座重达 1t 的机械臂机器人，由于在货架上找不到预期的配件而停了下来，于是威廉姆斯爬到货架上自己取配件。谁知，这时机器人突然起动，威廉姆斯头部撞到运动中的机械臂，当场死亡。据报道，他是被机器人伤害致命的第一人。法官认定机器人制造商缺少安全措施，判处其赔偿受害者家属 1000 万美元。

如今人们的安全意识提高了，用围栏和警告标志将工业机器人与人类隔离开来。如果需要人工干预生产线，就必须先关掉机器人的电源，再允许工人进入隔离区。但这种强制隔离措施使得人类与机器人无法紧密合作。近年来，日本发那科（FANUC）公司开发了一种能够与人类安全协作的新型工业机器人。发那科公司在全球出售并安装了超过 40 万台工业机器人，作为行业领导者，它有雄厚的实力应对人机协作这一挑战。全尺寸机械臂机器人 CR-35iA 是该公司协作式机器人中的拳头产品，高度近 2.8m（9.2ft），重

990kg（2180lb），六个柔性关节可举起35kg（77lb）重物。CR-35iA与发那科公司其他机器人最明显的差别是它的机身呈绿色，表明人类可以安全靠近，而以往的黄色机身是一种警告，告诉人们不要靠近。

早期机器人之所以危险，是因为它们移动速度快、力量大且缺少探测周围环境的传感器，是否撞到、伤到人类根本无法知晓。CR-35iA可不会这么莽撞。首先，为保障安全，它配有高灵敏度传感器，可以探测到自身在任何方向上与任何物体的轻微接触。“接触即停”功能保证了机器人在预期无接触的状态下一旦触到任何异物，就会马上停止。其次，这款机器人还配有双通道安全（DCS）监控软件，能监控自身到其他物体表面的距离，确保间距足够大，不会困住人。此外，CR-35iA还裹着一层柔软的橡胶表皮，没有任何锋利的边缘。最后，它还能对外物接触做出回应，如果它距离你太近，你可以轻松地把它推开。

开发协作式机器人的目的是使机器人足够安全，由此能够与人类并肩工作。CR-35iA内置视觉系统，可探测并识别配件箱中的特定配件，拾起来交给工人，由工人将配件固定到相应位置。这样一来，机器人做简单的重体力活，人类做精巧的、需要判断力的轻活，一个用蛮力，一个使巧劲，人机团队得以高效协作。

未来工厂中，黄色机身的普通工业机器人可能继续躲在围栏后面工作，而协作式机器人（至少是对人类无害的机器人）会越来越普遍，占据普通工业机器人受限的工厂区域。在建筑工地、仓库和汽车修理厂这些既有重体力活、又要保障人机安全的工作场所，协作式机器人大有可为，它甚至还可以在医院协助医护人员转移病人。

机器人导致伤亡的事件往往引起媒体高度关注，但事实上，美国每年只有约25人因工业机器人伤害致死——仅占工业意外死亡总人数的0.01%。而CR-35iA只是第一代协作式机器人，未来的机器人会更加智能，配备的传感器性能会更高。因此，工业领域人机协作的最大阻碍可能并不是安全问题，而是人们的认知局限，这种认知局限可能会随着协作式机器人的发展而逐渐改变。

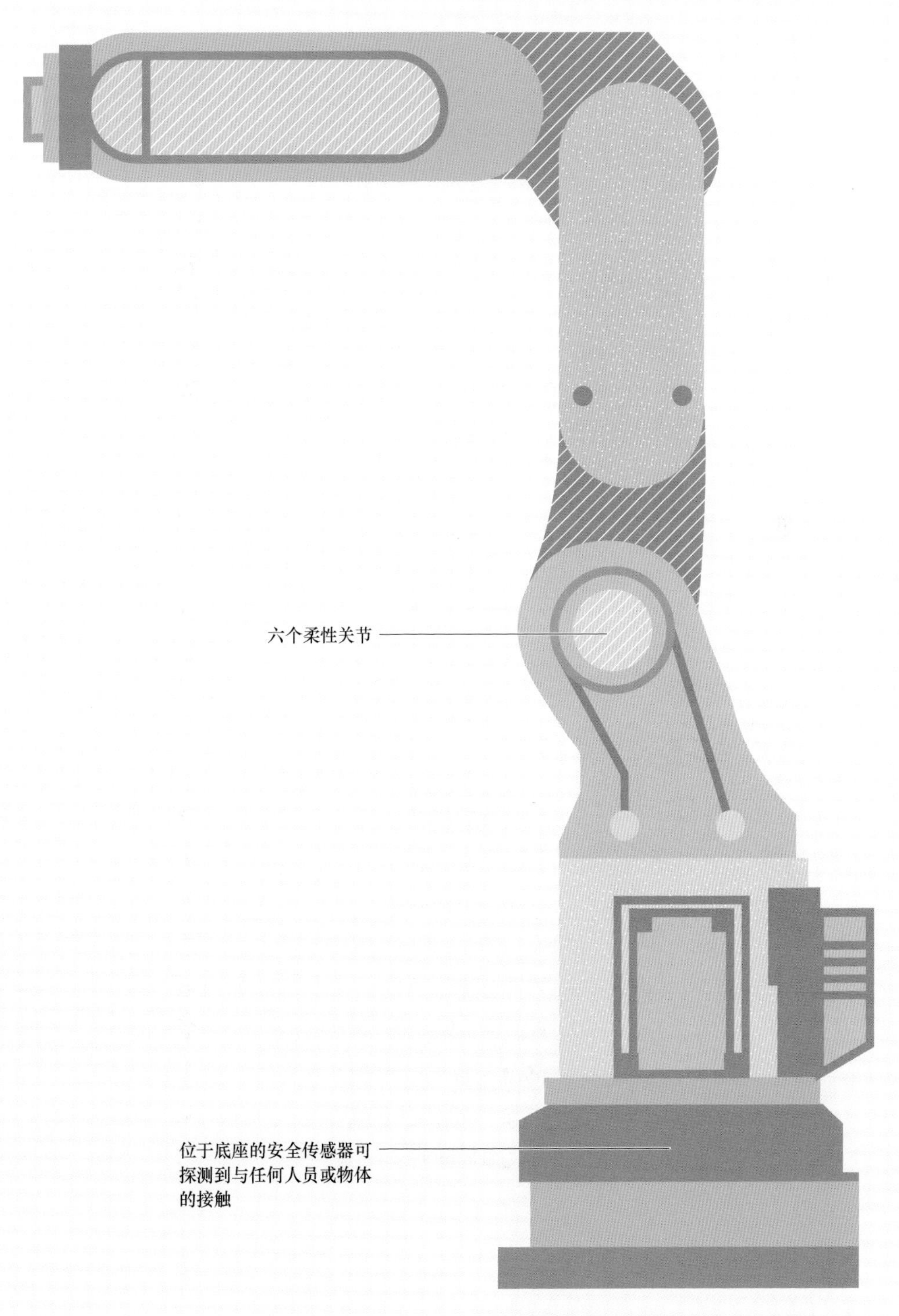
六个柔性关节
位于底座的安全传感器可探测到与任何人员或物体的接触

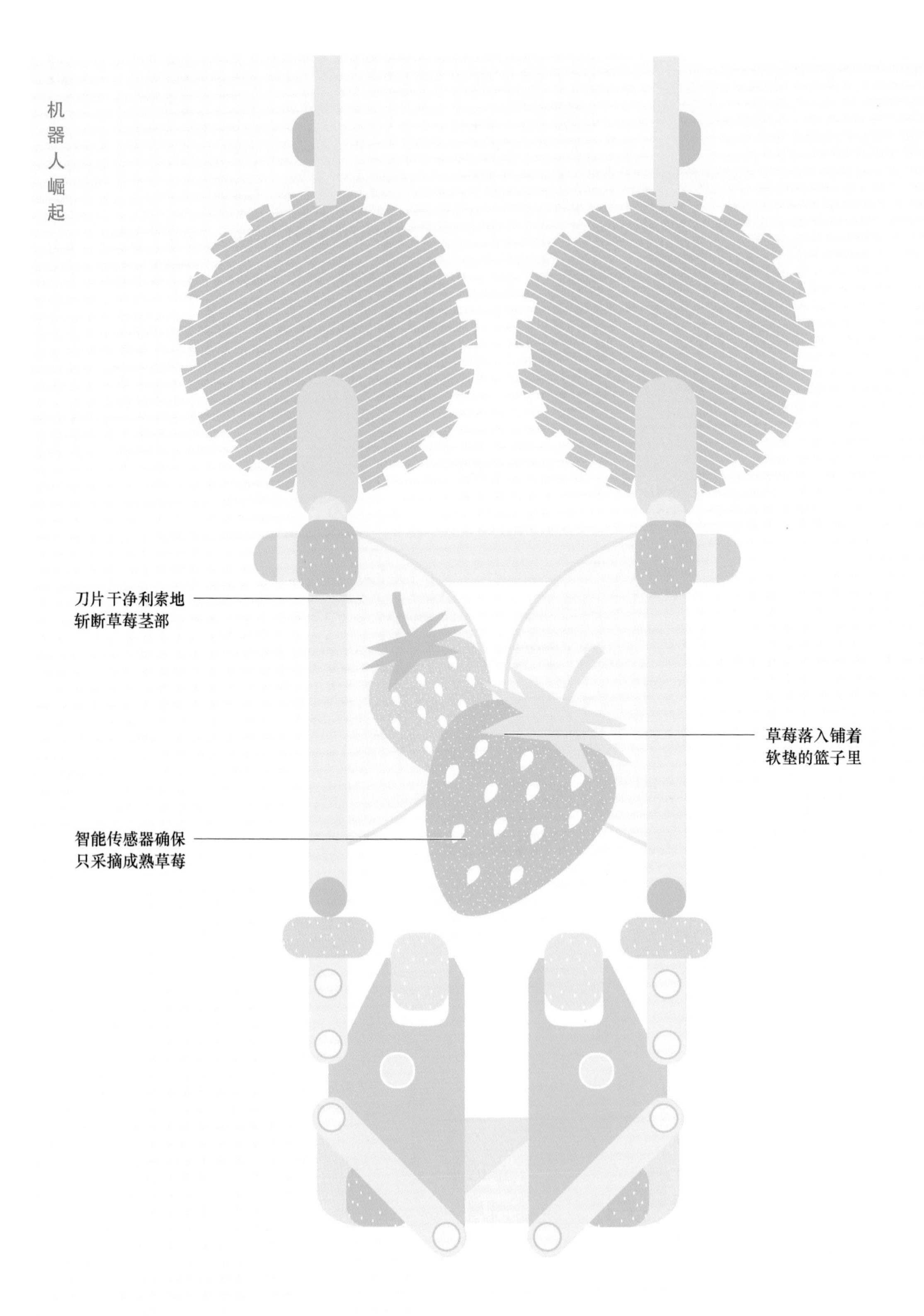
刀片干净利索地
斩断草莓茎部
草莓落入铺着
软垫的篮子里
智能传感器确保
只采摘成熟草莓

第二节 采摘草莓的 Agrobot SW 6010

高度	1.5m（4.6ft）
重量	约 4.4t
年份	2015 年
材料	钢和塑料
主处理器	专有处理器
动力	柴油发动机，功率 28.5hp（1hp = 745.700W）

采摘水果是农业界劳动力最密集的工作之一。农民可以用联合收割机快速收割一整片麦田，却不得不手工一颗颗采摘水果。

历史上，每到水果采摘季，都会有大量外来劳工涌入水果种植区。美国的劳工来自墨西哥，欧洲的劳工来自东欧或北非，劳动力流动给社会稳定带来许多挑战。而且由于果农能够支付的工资有限，想找到足够的人手也越来越困难，机器人或许可以解决这些问题。

Agrobot 公司位于西班牙小镇韦尔瓦（Huelva），该镇是全国草莓种植核心区域。Agrobot 公司推出的 SW 6010 是世界上第一款全自动草莓采摘车。

采摘草莓听起来好像很简单，与工厂流水线作业没什么区别，实则用到了机器人很难掌握的两种技能：一是从层叠的叶片间识别出草莓，并判断其是否成熟；二是摘取且避免划伤娇嫩的草莓。草莓摘下后不会继续成熟，所以必须在成熟得刚好的时候采摘；而且草莓一旦被划伤就很容易腐烂，所以必须小心翼翼地摘取和摆放。

SW 6010 的结构与拖拉机类似，由柴油机驱动液压系统，带动车轮和机械臂转动。四个大车轮，每个都由独立的液压马达驱动且能独立转向，从而使机器人能在拥挤的草莓大棚中轻松移动。自动导航系统则引导机器人定位至每一排草莓。SW 6010 外观部件均为塑料而非金属，一是为了减轻重量、降低成本，二是塑料不需要上油或加其他润滑剂，可以避免沾上尘污。

SW 6010 的底盘离地间隙很大，可轻松越过草莓苗床。每侧有五个向下伸展的机械臂，用于采摘草莓。每个机械臂都配有一套传感器：一个摄影头用于识别草莓，一组超声波探头确保与地面及其他机械臂保持安全距离，还有一组电感式传感器用于跟踪各机械臂的位置。软件算法则保证了各机械臂的动作与车体的稳定行进同步。

Agrobot 公司开发了专有的人工智能（AI）视觉系统——AGvision，用于评估草莓状态。AGvision 每秒拍摄 20 张图像，并评估图中每颗草莓的大小、形状和颜色。幸运的是，大自然已经为草莓的成熟度做了颜色编码：草莓成熟时呈鲜红色，不成熟则透着淡绿色。系统如果判定一颗草莓已足够成熟，就会用锋利的刀片切断草莓茎部，使草莓掉进铺着软垫的篮子里。然后，机械臂抓取草莓，放在车身传送带上，运至包装区。

两名操作员坐在采摘车上，负责检查草莓并放入托盘中包装。目前，机器识别系统还无法企及人类，所以采摘的草莓还需要人类做最终检查。未来，采摘机器人应该可以独立完成全部工作，像联合收割机一样直接交付成品。

Agrobot 的成功很可能促进经济发展。水果采摘工作单调且辛苦，采摘工人通常要长时间俯身在苗床上劳作，加班加点、轮班上阵，才能赶在采摘季结束之前完成草莓采摘工作。随着劳动力价格的不断上涨，以及机器人工作效率越来越高，商业决策的天平必然会逐渐倾向用机器采摘。Agrobot 公司 SW 6010 机器人的介入，降低了水果采摘的人力需求，并最终将取代人类，这一愿景成为现实只是时间问题。

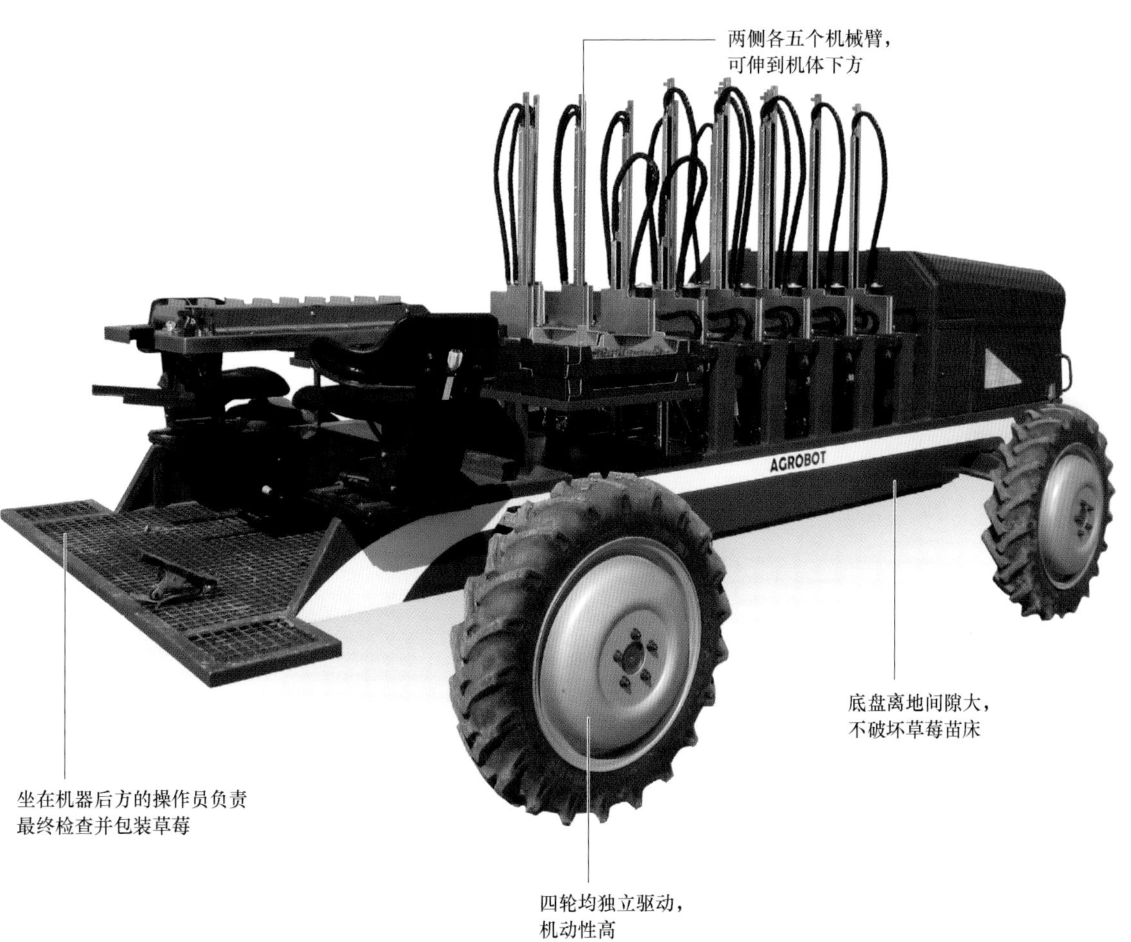
两侧各五个机械臂，
可伸到机体下方
AGROBOT
底盘离地间隙大，
不破坏草莓苗床
坐在机器后方的操作员负责
最终检查并包装草莓
四轮均独立驱动，
机动性高

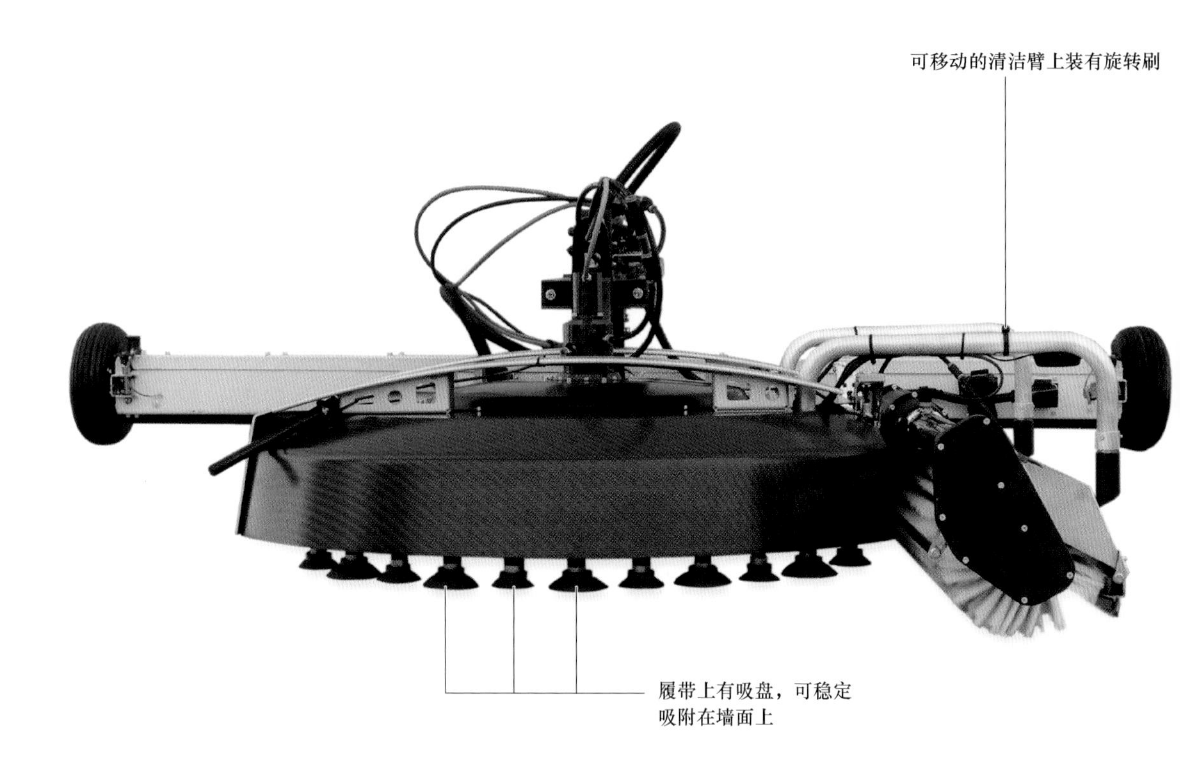
可移动的清洁臂上装有旋转刷
履带上有吸盘，可稳定吸附在墙面上
1.38m(4.53ft)

第三节 清洁玻璃幕墙的 Gekko Facade 机器人

高度	42cm（16.5in）
重量	70kg（154lb）
年份	2015 年
材料	塑料
主处理器	商用处理器
动力	外接市电

世界各地的城市中心看起来都差不多：无论远东、欧洲腹地还是美国，都耸立着装有玻璃幕墙的摩天大楼，以示其商业成功。然而，玻璃幕墙的清洁工作并没有跟上建筑业的进步，窗户清洁工至今还要站在悬吊式作业平台上，用海绵拖把擦洗大片的玻璃外墙，与城市尘污做斗争。Gekko Facade 机器人的出现，颠覆了这个行业。

瑞士 Serbot AG 公司发明的 Gekko Facade 机器人（简称 Gekko），是世界上首个用于大面积垂直墙面的窗户清洁机器人，也是该公司提供的外墙养护服务套装的一部分。Gekko 与窗户清洁工人一样，将绳索一端固定在楼顶，然后下降至要清洁的墙面。它的机身连着一根供水软管，机身表面有吸盘，从而可以稳定吸附在墙面上。Gekko 与窗户清洁工人不同之处在于工作速度和灵活性。Gekko 的圆盘形机身上有两条履带，每条履带上有 10 个吸盘，即使周围狂风大作，它也可以安全地贴着墙面“行走”。而且 Gekko 不需要导轨或其他辅助装置就可以自行移动，由于配有强劲的牵引驱动系统，它可以攀爬于平行、垂直、倾斜的墙面，甚至爬过用普通方法无法清洁的挑檐。

Gekko 的清洁臂可以升降，从而与窗玻璃充分接触。清洁臂上有一组旋转刷，与洗车机或街道清扫车上的旋转刷类似，所以比工人清洁得更彻底。

据制造商称，Gekko 用水量也比传统人工清洁要少，并且，有了强力的刷子意味着不需要使用清洁剂，所以 Gekko 更为环保。

使用 Gekko Facade 机器人会带来很多好处。操作者可以用操纵杆控制机器人，也可以放手将机器人设置为自动工作模式。这意味着清洁整栋摩天大楼所需的人力大幅减少，甚至只要一个工人就能完成。Gekko 每小时清理 $600m^2$（$718yd^2$）玻璃幕墙，速度大约相当于人工清洁的 15 倍，而且它不需要茶歇，可以比人类连续工作更久。鉴于每次清洁整栋大楼的费用高达 8 万英镑，使用机器人着实可以节省一大笔钱。

除了上述因素，还应考虑到，高层建筑的窗户清洁工作很危险。在地面上只感觉到有微风的时候，100 层以上却已是狂风大作，风速可达 48km/h（30mile/h）。高度超过 305m（1000ft）的摩天大楼为了对抗强风，需要安装巨大的内部摆，即调谐质量阻尼器，以防止楼体发生明显晃动。所以，楼内人员可能永远不会知道玻璃幕墙外的风速是多少，而清洁工人却正遭受到剧烈狂风的吹袭，以至于时常遇险。而 Gekko 的吸盘脚，使它在清洁工人无法作业的恶劣天气中也可以工作。

另一个因素是商业界不断增强的信息安全意识。当会议室里正在展示公司机密的新品发布计划时，一名窗户清洁工恰好出现在窗外，这可能意味着所有的正常安全措施（密码、防火墙）都功亏一篑。使用 Gekko 可以避免此类商业信息泄露事件。此外，高层公寓楼住户和酒店客人为了欣赏风景常常不拉窗帘，使用 Gekko 清洁幕墙可以避免泄露个人隐私。这大概是少数几个使用机器比使用人工更省心的领域。

建造有玻璃幕墙的摩天大楼依然是流行趋势，最高的建筑依然房价高昂。建筑师们清楚，打造城市地标就要设计非常规形状的建筑外形，而传统的玻璃幕墙清洁方式很难应对这个挑战。Gekko 的优势也正在于此：它能够高质量地清洁非常规形状的墙面。摩天大楼本质上是声望的象征，许多公司愿意为景色壮丽的高层办公室支付高额租金，而窗玻璃上的任何污渍都会破坏办公场所的整体效果。Gekko 有旋转窗刷，而且清洁效果良好、稳定，可以确保不遗漏窗户的任何角落。随着 Gekko 产品的普及，听到有人说“你少擦了一点”的日子可能会一去不返。

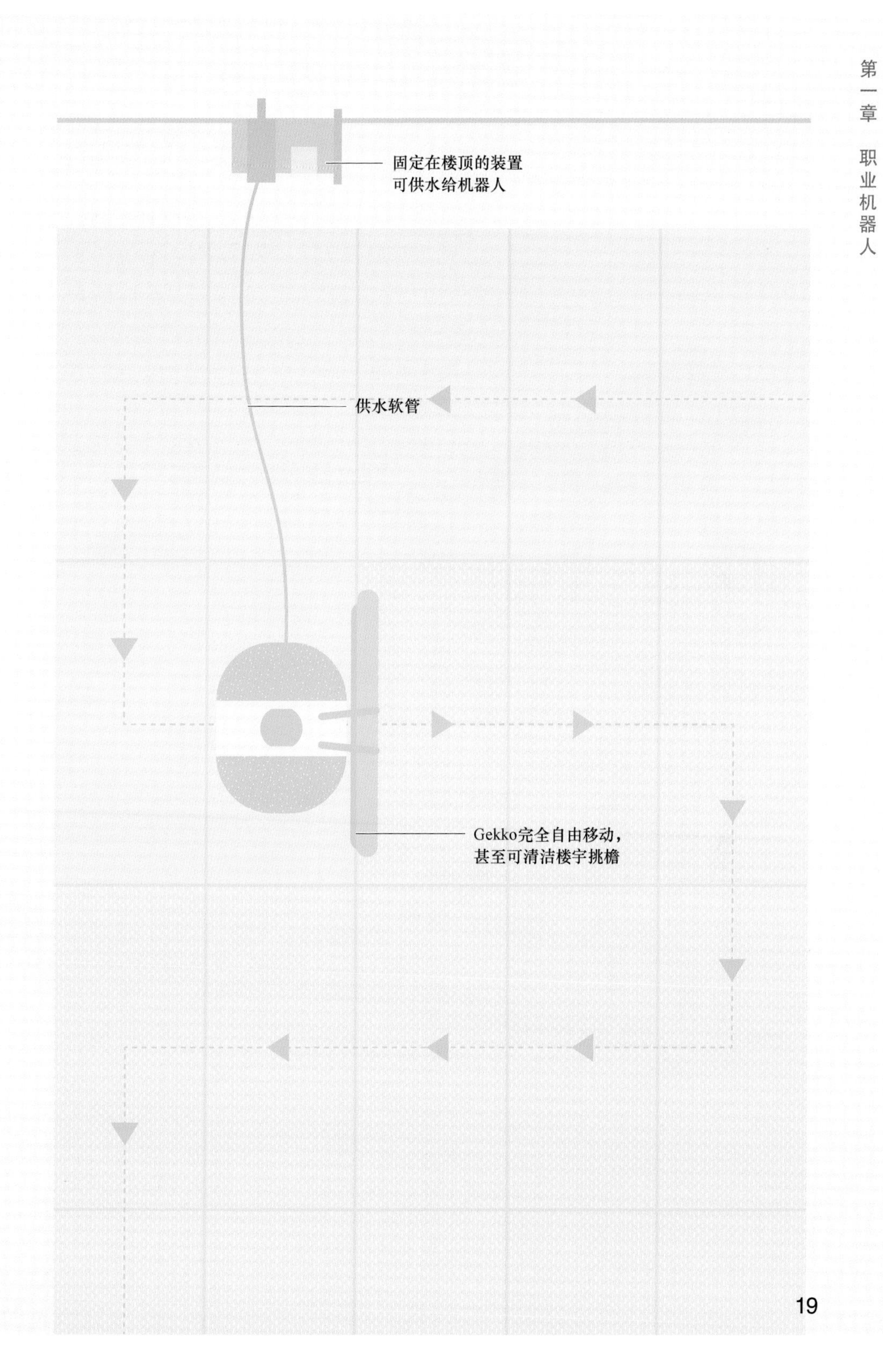
固定在楼顶的装置
可供水给机器人
供水软管
Gekko完全自由移动，
甚至可清洁楼宇挑檐

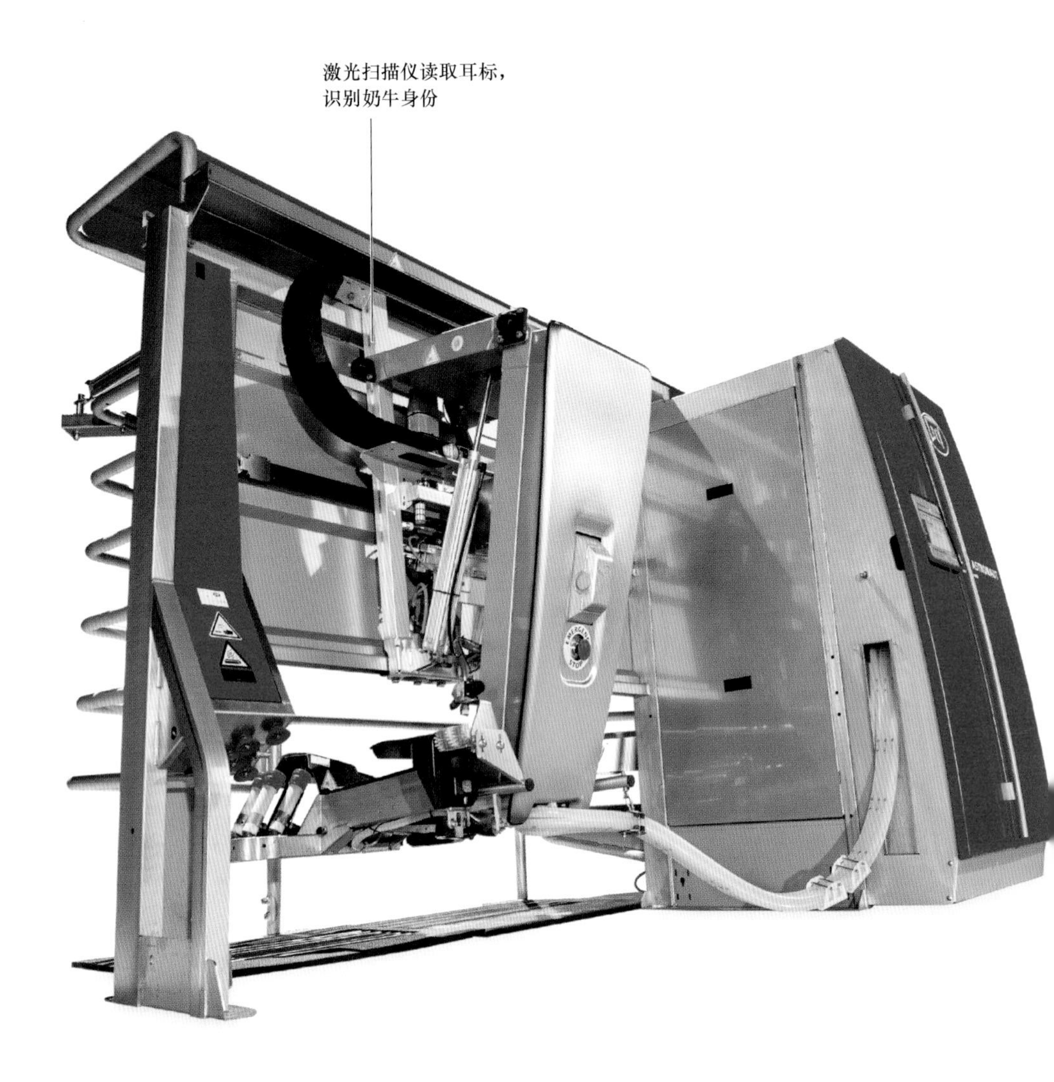
激光扫描仪读取耳标，
识别奶牛身份
2.37m(7.77ft)

第四节
全自动挤奶系统 Lely Astronaut A4

高度	2. 37m（7. 77ft）
重量	650kg（1433lb）
年份	2010 年
材料	钢
主处理器	专有处理器
动力	外接市电

喝牛奶的习惯存在于人们的基因里。几千年前，人类驯养了牛，并且那时在欧洲和北非出现了一种有利的基因突变，一部分人获得了乳糖耐受能力。自那以来，人类一直要花很多时间手工挤奶。19 世纪中叶有人发明了挤奶机，但几十年后才出现可以实操的用吸盘挤奶的办法。

如今牧场已经普遍使用挤奶机，挤奶需要的劳动量大大下降，然而每天两次的例行挤奶工作依然很不受欢迎——挤奶工需要黎明之前起床，将奶牛群围到一处，赶进挤奶棚，挨个连上挤奶机的吸盘，挤完之后再取下吸盘。12 小时后，这个苦差事还要重复一遍。

由荷兰莱利（Lely）公司制造的 Astronaut A4 机器人系统可以自动完成整个挤奶流程，甚至不需要有人将奶牛赶进挤奶棚。Astronaut 系统代表了挤奶界的顶尖技术。每头奶牛进入挤奶棚时，会有激光扫描仪扫描其耳标，就像超市结账处的扫描仪扫描条码一样。扫描之后，奶牛便会得到一槽专门针对它的营养需求配制的饲料；但如果扫描结果显示该奶牛已经挤过奶了，饲料槽则会收回，奶牛离开挤奶棚。这种饲喂机制可以鼓励奶牛前来挤奶。

奶牛在饲料槽前就位之后，挤奶机器人系统就开始工作了。一个三维的深度摄影机会跟踪奶牛的运动，一支由激光扫描仪引导的机械臂（三级奶头探测系统）会清洁奶牛的奶头并连接吸盘。挤完奶后，机械臂再次清洁奶牛的奶头，并将吸盘放入蒸汽清洁器，为下一头奶牛做准备。

奶牛是群居动物，喜欢待在一起。Astronaut 系统的独到之处在于它开放式地布置挤奶棚，奶牛们不需要进小隔间，挤奶时可以看到周围的同伴。由于有了跟踪摄影机，机械臂和吸盘可以跟随奶牛移动，所以奶牛感觉更安全、更舒适，挤奶的过程也变得简单易行。

同其他挤奶机一样，Astronaut 系统也有奶量记录功能，它可以记录每头奶牛每次的挤奶量，并存入数据库，从而相应调整该奶牛的饮食和用药。此外，Astronaut 系统还会分析牛奶成分，测量脂肪、蛋白质和乳糖含量，从而检测奶牛是否患病。如果发现哪头奶牛当天少挤一次奶或者需要特殊照顾，系统会自动通知奶农。

莱利公司对 Astronaut 系统的宣传语是“自然的挤奶方式”。但整个挤奶过程都自动化，不免让人担心它过于技术化。而事实上，这一系统经过精心设计，充分满足了奶牛的需求。不同于传统挤奶机的理念，Astronaut系统让奶牛自主触发挤奶过程，从而让它们更乐于配合。

机器人挤奶系统推广是否顺利的一个关键因素是成本。开始时农活往往由低收入劳动者（通常是移民）手工完成，直到机器作业的成本低于人工成本，达到这个临界点之后，机器便开始得到大量应用。一套 Astronaut 系统花费约 10 万英镑，可以管理 70 头奶牛，显然不算便宜，但考虑到旧式挤奶机必然被淘汰，应用新系统的额外费用其实也没有那么高。

莱利公司称，Astronaut 是“你能想到的最可靠的员工”，从不旷工，且总是耐心地给予每头奶牛独一无二的照顾。全自动挤奶系统颠覆了传统牧场理念，而奶牛们似乎也非常喜欢它。从莱利公司逐渐攀升的产品销量来看，奶农们也喜欢这套系统。在某些国家，挤奶行业高达 50% 的投资都用于采购机器人挤奶系统了。

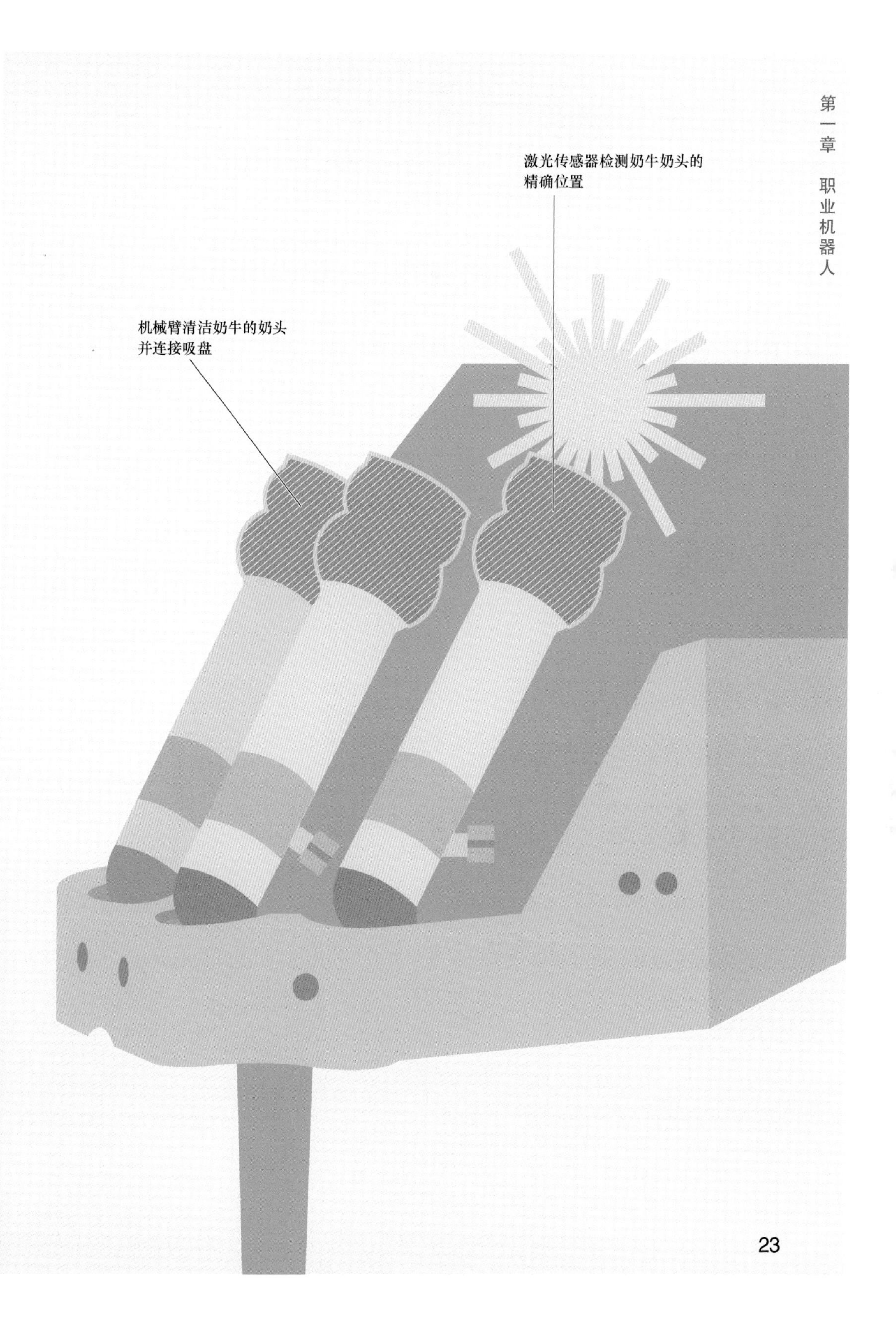
激光传感器检测奶牛奶头的精确位置
机械臂清洁奶牛的奶头并连接吸盘

Kiva的推举机构

机器人位于仓储容器下方，通过自身旋转来举起容器

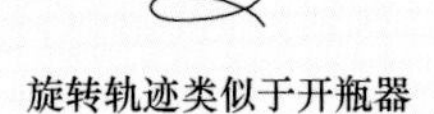

旋转轨迹类似于开瓶器

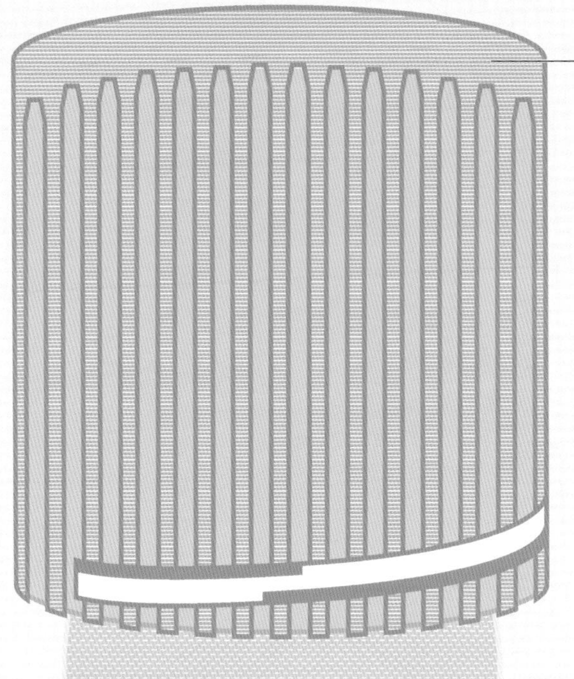

推举机构的最高承重为机器人自身重量的4倍

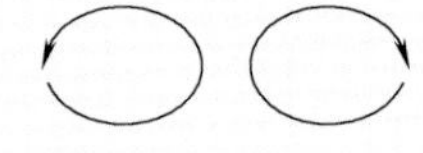

转弯时，容器反向旋转90°，以免失衡

以4.8km/h(3mile/h)的速度缓慢而稳定地行进

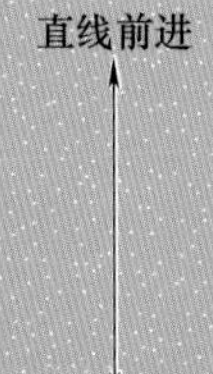

第五节 亚马逊仓储机器人 Kiva

高度	30cm（12in）
重量	110kg（243lb）
年份	2005 年
材料	钢
主处理器	商用处理器
动力	铅酸电池

亮橙色的 Kiva 仓储机器人可谓是电商巨头亚马逊仓库体系中的工蚁。它们不停歇地搬运沉重的货物，行动轨迹看似随机，实则严格地保证了亚马逊的订单每天正常流转。

这些橙色机器人的原型是由马萨诸塞州沃本（Woburn）市的 Kiva Systems 公司研制的。每台机器人的尺寸为 60cm × 80cm（24in × 31in），高 30cm（12in）。其顶端是类似于开瓶器的推举机构，因而 Kiva 滑动到容器（pod，存储货物的一个货架单元）下方后，可以像搬运工一样举起容器并运走。容器底部的尺寸为 $1m^2$（$11ft^2$），高 2m（6.5ft），且容器重达 400kg（880lb），是 Kiva 自身重量的 4 倍。Kiva 的移动速度为 4.8km/h（3mile/h），只走直线和直角拐弯。每次拐弯时，推举机构反向旋转 90°，所以容器不需转动，可以避免容器失衡、货物掉落。

履行订单的过程包括“拣货、包装和发运”。机器人出现之前，包装工人需要在货架间不停地走来走去，拣出每样商品，运到包装站。而现在，工人只需要守在包装站，等 Kiva 将货架上装有订单商品的容器送过来。

Kiva 仓储机器人通过中央路由系统接受指令，前往拣货。每台机器人通过扫描地面上间隔 2m（6.5ft）的条码贴纸来实现自身定位与跟踪，并通过 Wi-Fi 广播自身位置。扫描仪除了用于定位，还可用于在运送容器之前确认容器编号。

Kiva 将容器放在包装员面前时，会用激光照射提示需要拣出的商品，从而方便包装员取出正确的商品。订单商品拣出完成后，Kiva 再将容器放回货架的相应位置。

Kiva 除了配有激光扫描仪，还有避障传感器。理论上讲，人员不会出现在 Kiva 的运行路线上，而且由于每台机器人的位置都会广播，机器人之间不会相撞。但有时候，货物可能从容器中掉落、挡在路上，而且万一有人违规进入 Kiva 运行区域，还是要有避障措施来保障安全。

Kiva 机器人采用铅酸电池供电，每两小时停下来自动充电一次。相比之下，尽管锂离子电池续航时间更长，但铅酸电池更便宜，而且仓库各处设有充电设备，充电很方便。

亚马逊于 2012 年收购了 Kiva Robotics 公司，自此，该公司仅为亚马逊独家供应机器人。2012 年，亚马逊拥有约 5000 台机器人，2017 年已增至 4.5 万台。这一收购交易震动了整个仓储机器人市场，Kiva 公司先前的客户，例如办公用品公司 Staples 和 Office Depot 以及服装公司 Gap，都不得不另寻新供应商。

Kiva 机器人像工蚁一样不知疲倦、任劳任怨，还不要薪酬。调查表明，应用机器人之后，亚马逊仓库的拣货、包装和订单发运效率提高了 2~6 倍，出错次数也有所降低。随着亚马逊和商业模式相似的其他企业规模不断扩张，Kiva 一类的机器人队伍也会不断壮大。

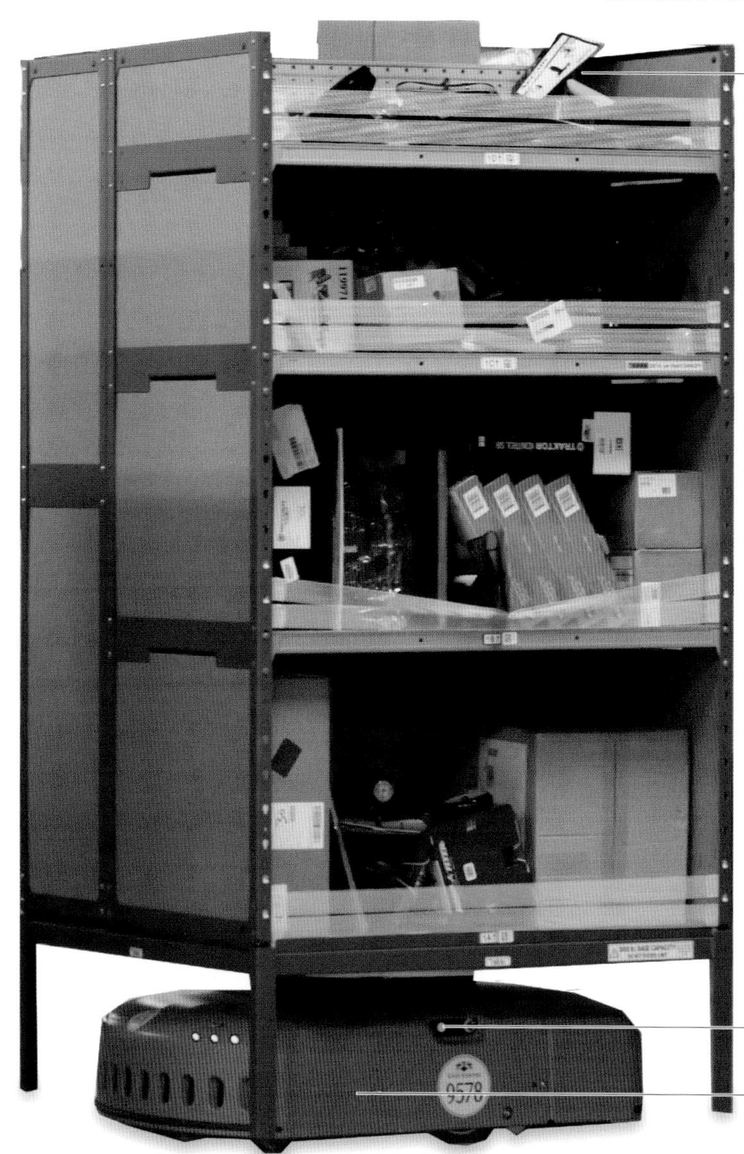
机器人将容器依次放在包装员面前，拣出完成后,机器人将容器送回货架
搬运前，机器人通过扫描仪确认容器编号
避障传感器可避免碰撞事故
30cm (12in)
80cm(2.6ft)
9578

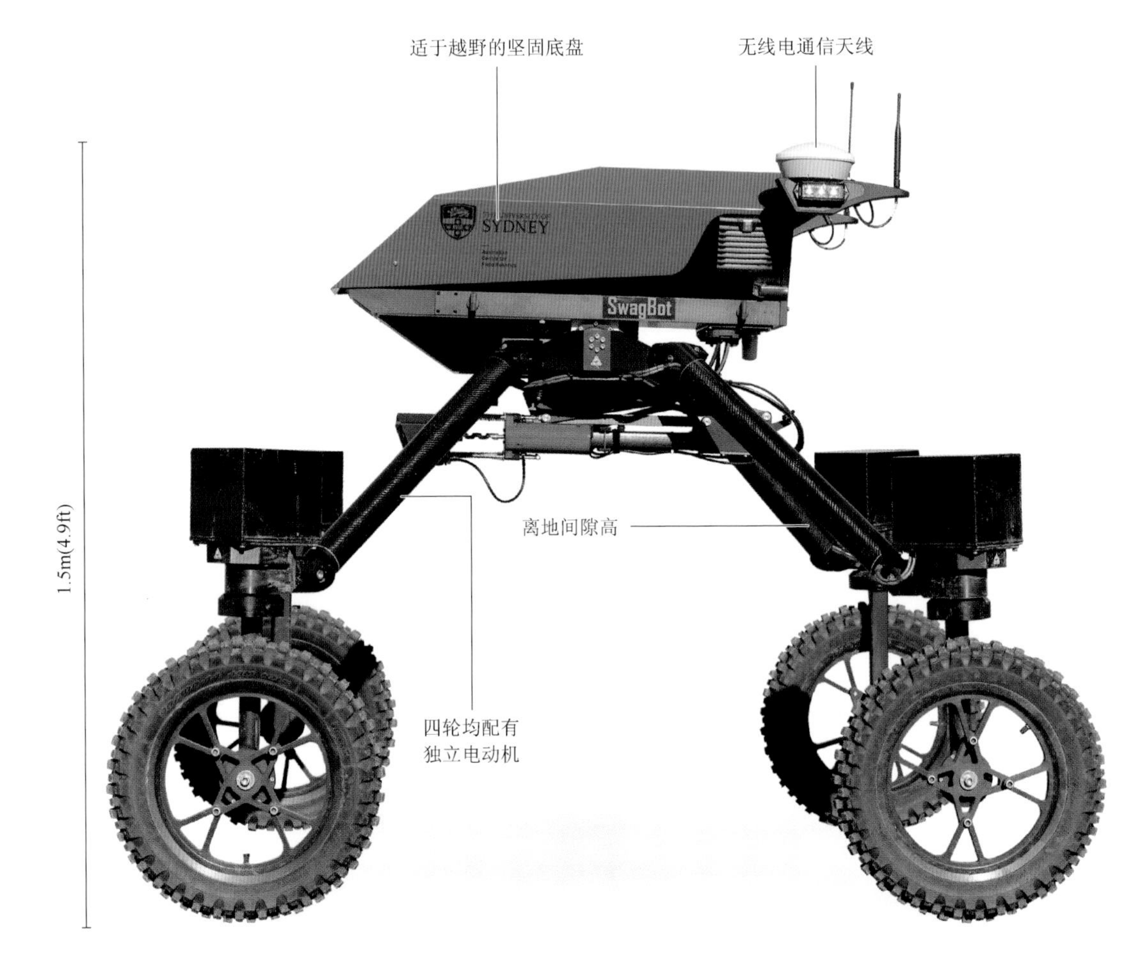
适于越野的坚固底盘
无线电通信天线
SYDNEY
SwagBot
1.5m(4.9ft)
离地间隙高
四轮均配有
独立电动机

第六节 澳大利亚放牛机器人 SwagBot

高度	1.5m（4.9ft）
重量	190kg（420lb）
年份	2016 年
材料	钢
主处理器	专有处理器
动力	锂离子电池

在澳大利亚，养牛场（cattlestation，而不叫牧场 ranch）平均面积超过 $4000km^2$（$1500mile^2$），是大伦敦（Greater London）面积的 3 倍。澳大利亚干旱的土地上无法密集养牛，平均每只动物占据好几公顷土地；相比之下，欧洲牧场每公顷（2.5acre）土地上则有好几只动物。牛群分散在如此广阔的区域，养牛场自然需要招募牛仔来赶牛。其实，他们需要的是机器人 SwagBot。

以往的养牛场工人被称作“swagman”（流浪汉，背着行囊的人——译者注），因为他们随身带着铺盖和全部家当，用劳动换取食宿。如今 swagman 越来越少，于是悉尼大学的萨拉赫·苏卡利（Salah Sukkarieh）率其研究团队开发了农场机器人，可以自动完成赶牛一类的农活。他们全部自行研发，而不用吉普车或四轮摩托车改装。苏卡利解释说：“我们旨在开发能全自动驾驶，且具有较高地形适应性和可操纵性的车，所以要做全新的平台车，而不能用 ATV（全地形车）或四轮摩托改装。”

SwagBot 的高机动性设计包含四条带车轮的长腿，每条腿都配有独立的电动机。机器人可以全向转动，坚固的复合底盘可吸收冲击，十分适合越野。SwagBot 的驱动系统防水，因而可以蹚过有水的地方，理论上甚至可以完全浸没于水中。

SwagBot 可以穿越养牛场的常见地形，越过沟渠、溪流、倒下的树干和其他障碍物，而且最高速度可达 20km/h（12.5mile/h）。SwagBot 还可作为机器人拖拉机牵引一辆拖车。最重要的是，SwagBot 不会抛锚，无须救援，因为它工作的地方距离救助人员太远了。

在首次实地测试中，研究人员遥控 SwagBot 成功地将牛群围到了一起。苏卡利的团队已经完成了移动平台的开发，现在将目标转向软件和传感器的研发，致力于让机器人在没有人类辅助的情况下穿越未经测绘的区域。目前在研的传感器包括：基本的避障设备（澳大利亚偏远区域不会有密集交通，因而能够完成避障即可），以及通过摄影机分析牧草质量并确保牛群食源充足的复杂系统。在研的其他传感器也将用于检测牛群，例如用热成像传感器检测牛的健康状况，用摄影机检测牛的步态，判断牛是否跛脚。SwagBot 甚至可能配备一个抽检牛粪的传感器，以判断牛群是否健康。

更多的传感器和更智能的软件将进一步扩展 SwagBot 的功能，例如自动递送功能——将一拖车饲料送达指定位置，然后把拖车留在那儿或者带回来。苏卡利也在探索让 SwagBot 自动除草的可能性，因为探测并铲除入侵植被可以防止它们进一步蔓延，从而保护牧场。同时，SwagBot 也可能与其他机器人协同工作，一种尝试是让小型无人机给 SwagBot 指路，找寻失踪的牛或者探索前方复杂地形中的最佳路线，而 SwagBot 可以作为无人机的移动基站和充电装置。

与其他机器人的应用一样，价格是最关键的因素。苏卡利表示，目前，电子元件成本下降，增加了 SwagBot 这类机器人的商业可行性。而随着机器人成本降低、性能增强，人工却越来越昂贵、稀少，到未来某个时候，机器人的性价比会超过人工劳力，这就意味着澳大利亚内陆终将成为 SwagBot 的天下。

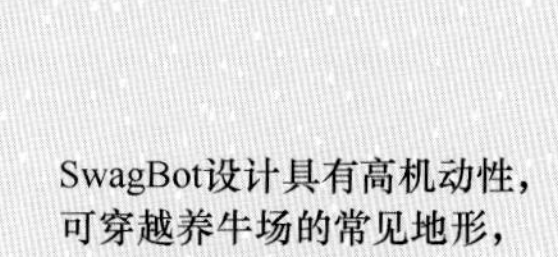

SwagBot设计具有高机动性，
可穿越养牛场的常见地形，
也可蹚过有水的地方

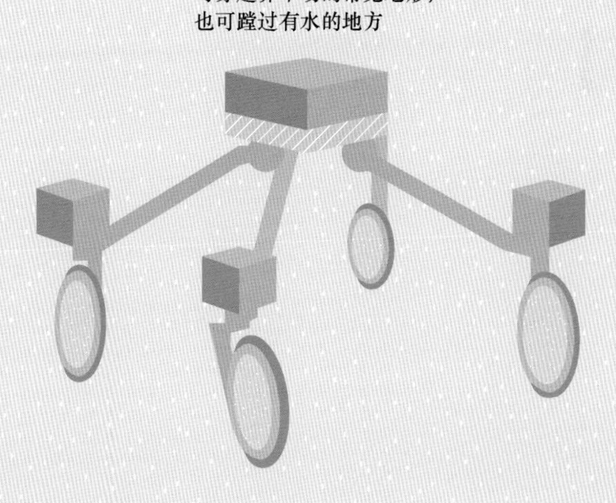

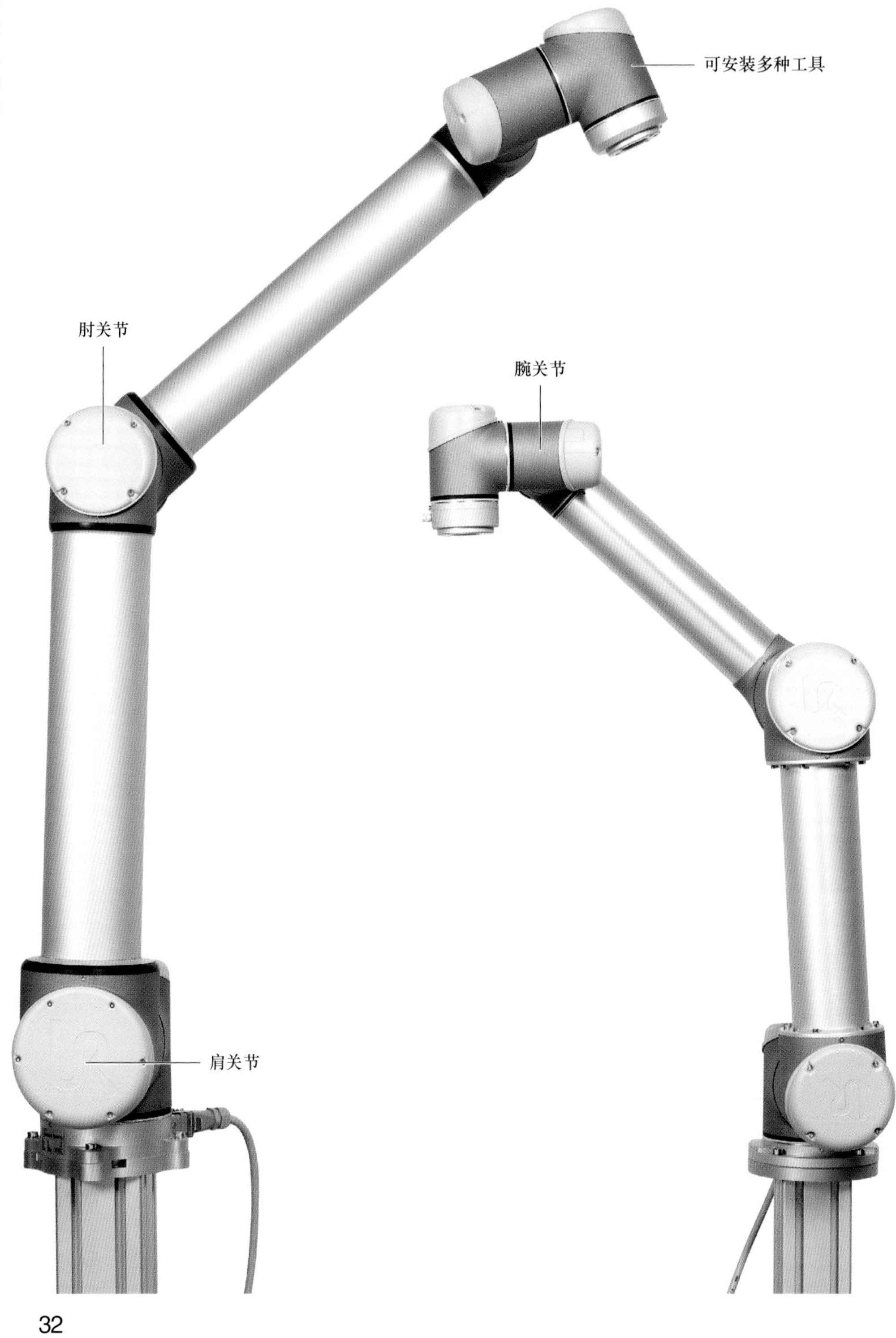
可安装多种工具
肘关节
腕关节
肩关节

第七节
小巧的全能型选手 Universal Robots UR10

高度	1.4m（4.6ft）
重量	28.9kg（64lb）
年份	2013 年
材料	钢
主处理器	商用处理器
动力	外接市电

工业机器人通常是大而昂贵的复杂机器。用工业机器人实现工厂自动化可能需要几个月时间，甚至为了匹配机器人，需要重新建设生产线。所以，这种自动化方式只适合一部分行业，并不适合多数行业。丹麦优傲机器人（Universal Robots，UR）公司——这名字让人想起捷克作家卡雷尔·恰佩克（Karel Čapek）的戏剧《万能机器人》（*Rossum's Universal Robots*）——希望改变这一现状。该公司的小型机器人系列产品几乎可以自动化完成所有人类活动，该公司在网站上宣称："我们说优傲机器人可以将几乎所有事情自动化的时候，你没听错，就是几乎所有事情。"

UR 系列的机器人个头小于传统机器人，其中最大的是 UR10，重量也只有 28.9kg（64lb）。尺寸小巧意味着它们更适合与人类协作，因为大型机器人一旦做错一个动作，就有可能导致人员伤亡。大多数 UR 机器人与人类共享工作区域，无须设置安全围栏。

UR10 看起来与其他工业机器人一样，静止不动的时候像一部 Anglepoise 品牌的台灯。它有六个自由度：肩、肘和腕关节可以六种方式旋转，从而使得机器人可以自由移动。UR 机器人还可以操作多种工具和设备。

UR 机器人与众不同的地方在于其用户界面，它不需要专门的工程师队伍，只需一名没有编程经验的操作员即可。操作员在平板电脑触屏上完成设置，并将机械臂放置在执行任务时应处的位置，就完成了编程工作，也就是说，其实操作员只需要向机器人展示它需要做什么。优傲机器人公司称，客户设置机器人的平均时间是半天。一名未经训练的操作员只需不到一小时，就可以开箱并设置好机器人，编程使其完成一个简单任务。

UR10 体积小、重量轻，适用于轻型工厂而非焊接货轮一类的重型作业。它灵活性极强，当操作员需要机器人执行一项新任务的时候，只要拿起 UR10，把它送到工厂的另一处，更改设置即可，不需要任何协助。

UR 机器人执行的任务和传统工业机器人一样。在法国克里昂的雷诺工厂，UR10 负责拧发动机上的螺钉，机器人的灵活性与小尺寸使之更容易进入人类工人难以进入的狭窄区域。UR10 拧紧每个螺钉之后，还会以机器人的耐心彻底检查并验证其工作成果。

有些公司应用 UR 机器人做“拾放”工作，机器人在视觉系统的指引下选择并放置零件。机器人还可用于组装和包装。厦门建霖工业有限公司是全球最大的浴室配件制造商之一，在它的工厂中，UR10 机器人可以操作注塑机生产组件，机器人被装在导轨上并通过导轨移动到下一个工位继续工作。因为 UR10 的安装设置非常便捷，所以它适用于新兴的小批量定制生产方式，而不适用于福特时代就开始的大规模生产方式。

优傲机器人公司称其机器人产品具有业内最短的投资回报期，只要六个多月就可以收回成本。UR 机器人可以轻松应用于现有生产线中，没有安全隐患，也不需复杂的编程工作，所以应用范围非常广。不要误以为 UR 机器人只能用于工业环境，丹麦几乎每家中学的技术学习课都采用了小巧的 UR3 机器人辅助教学，而荷兰格罗宁根市磨丰果啤酒厂在滑动导轨上安装了 UR 机器人，作为酒保给大家倒酒。

苹果公司作为现今世界上最成功的公司之一，以其高度直观的产品用户界面闻名于世。而 UR 机器人有望成为机器人界的 iPhone，成为面向大众市场的普适性产品。

用户在平板电脑控制器上进行简单的设置，并将 UR10 机械臂摆放在应处的位置，即可完成编程工作

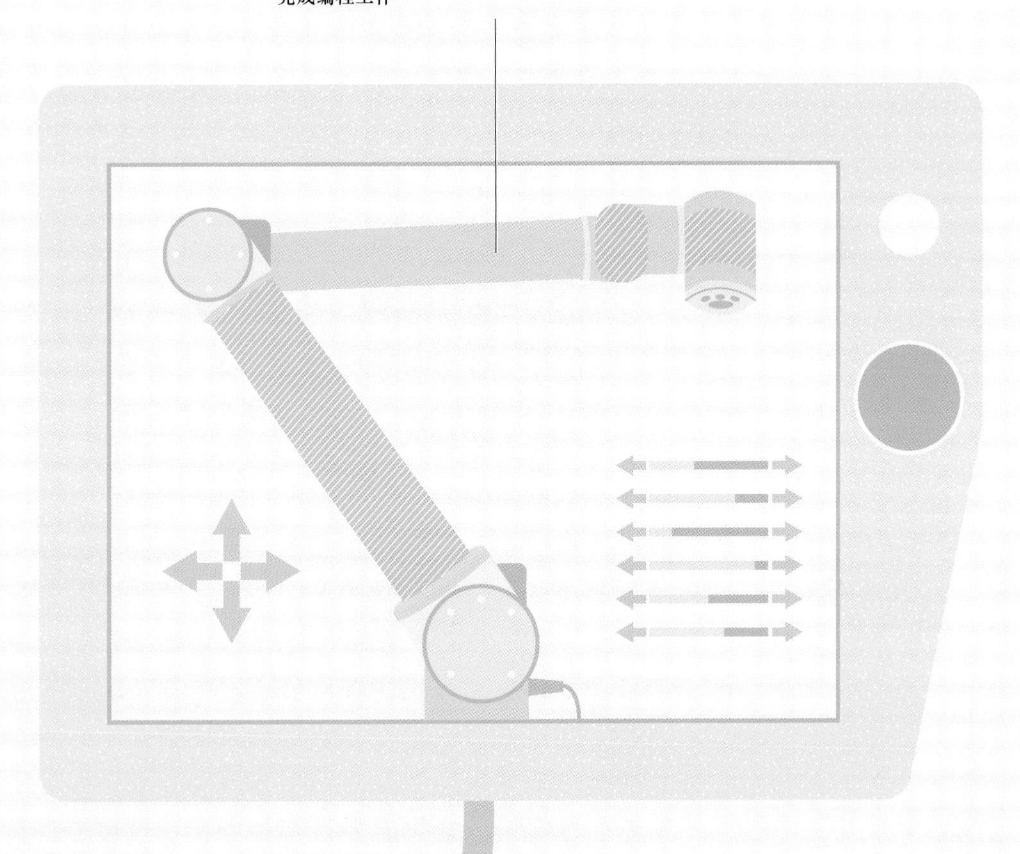

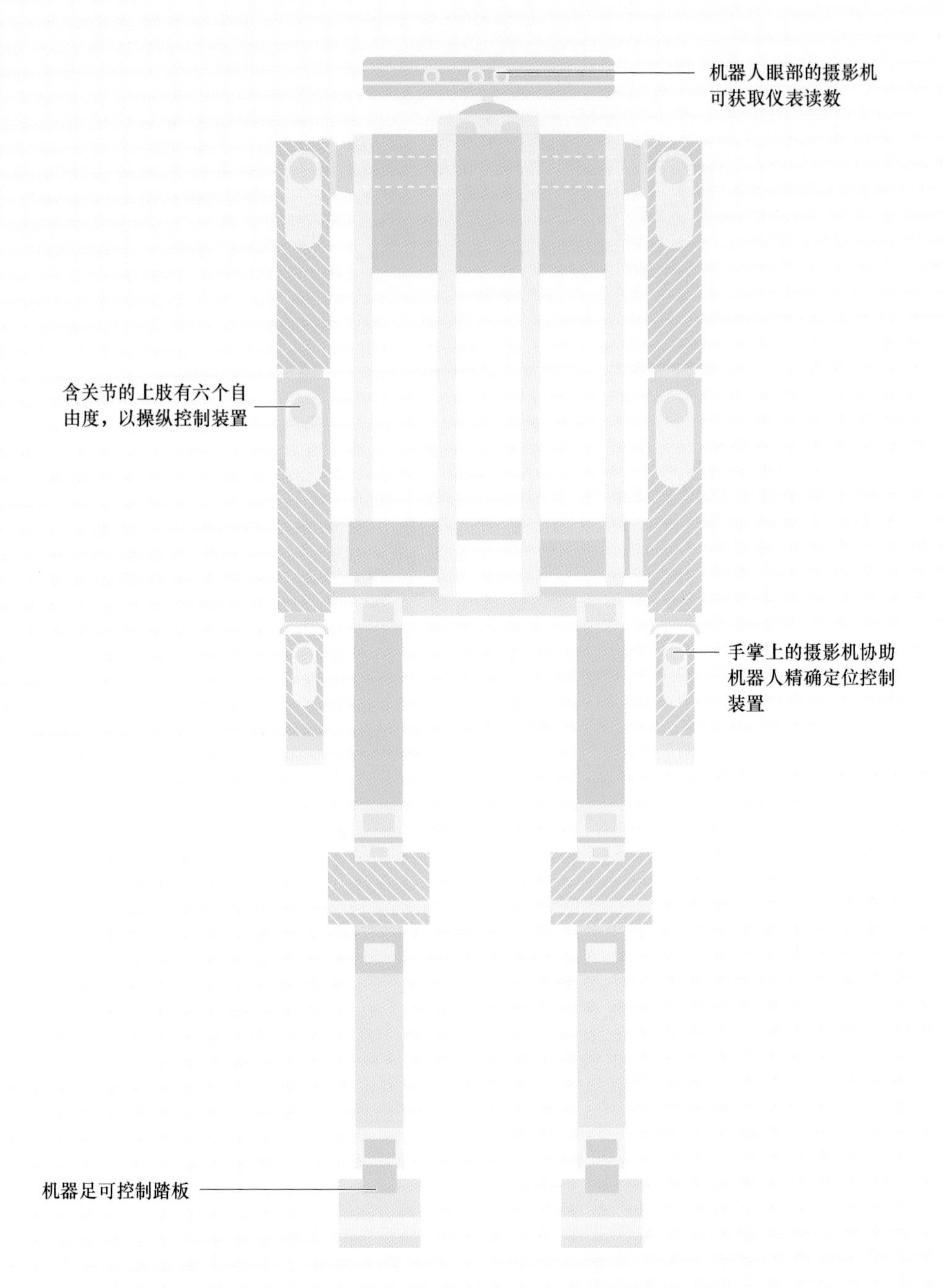
机器人眼部的摄影机
可获取仪表读数
含关节的上肢有六个自
由度，以操纵控制装置
手掌上的摄影机协助
机器人精确定位控制
装置
机器足可控制踏板

第八节 人形机器人飞行员 PIBOT

高度	坐高 1.27m（4.2ft）
重量	24kg（53lb）
年份	2016 年
材料	钢
主处理器	Intel NUC5 17 RYH
动力	电池

不难猜到，PIBOT 是 PIlot roBOT 的缩写，是一个坐在驾驶舱开飞机的人形机器人。但你可能猜不到，PIBOT 并不像自动驾驶仪那样直接输出控制信号，而是像人一样，一边看仪表盘，一边操作设备。

韩国科学技术院（KAIST）的沈贤哲（David Hyunchul Shim）教授与同事们系统研究了用 PIBOT 实现自动驾驶的方法。他们的团队先将自动驾驶任务分为三个部分——识别、决策和行动，然后针对每个部分开发了机器人所需的硬件、机器智能和感知软件。

PIBOT 像人类飞行员一样，操纵油门、档位和踏板等控制装置，读取刻度盘和仪表板上的读数。与其他无人机不同，PIBOT 不是遥控的，它不受人工干预，自行驾驶飞机，甚至会用无线电与空中交通管制员对讲，自动提供信息并做出响应。

最早版本的 PIBOT 被称为 PIBOT 1，是低成本商用人形机器人 Bioloid Premium 的缩小版。2014 年首次展示时，PIBOT 1 在飞行模拟器中起动发动机，松开制动踏板，缓慢滑行，起飞并沿既定航线飞行，最终在目的地安全着陆，成功完成了一次完整的飞行模拟任务。PIBOT 1 还尝试了驾驶航模，虽然由于视觉软件还需要微调，着陆时还离不开人类的辅助，但这次航模演练证实了 PIBOT 1 概念的可行性。

第二代 PIBOT 2 是全尺寸人形机器人，制造成本约 10 万美元，完全实现了人类飞行员的功能。PIBOT 2 的四肢均有六个自由度，手掌另有五个自由度，还用摄影机实现了眼睛的功能，并且在它的机械手上也装了摄影机，用于辅助确认控制装置的位置。PIBOT 2 和上一代 PIBOT 1 一样，也通过了飞行模拟器验证，沈贤哲教授的团队正在研究让它学习如何响应紧急情况，尤其是编程时未考虑到的情况。

机器人飞行员已经有了市场需求。美国空军正在寻求一种“立即可用的机器人系统”，希望载人飞机不做改装就可以执行无人飞行任务。以沈贤哲教授开发的技术为基础，美国空军计划让这些机器人飞行员执行常规货物运输和加油任务，远期计划还包括更具挑战性的情报、监视和侦察（ISR）任务。鉴于无人机在不久的将来就会与载人飞机共享空域，与之相关的法规标准可能也需要尽快修订了。

商业领域对机器人飞行员也有潜在需求。目前法律规定，每班航班都要有一主一副两名飞行员，副飞行员负责在紧急情况下介入并提供意见。之前，商用飞机需要三名机组人员，除主副飞行员外，还需要一名飞行工程师，负责监测仪器并计算油耗等。现在，机载自动化系统已经取代了飞行工程师，副飞行员也很可能即将被取代。飞行员属于高薪、高技能工种，其雇用和培训成本都很高，而 PIBOT 作为一种代替飞行员的方案，不仅成本低，而且随着软件迭代，其性能还会稳步改善。并且，PIBOT 机器人只需下载软件即可获取另一种型号飞机的驾驶技能，而不会像人类飞行员那样可能记混。

虽然航空公司在短时间内还不太可能允许飞机无人驾驶，但值得注意的是，大多数空难是人为失误造成的。最常见的事故类型是“可控飞行撞地”，即飞机撞向山顶或山坡，这往往是飞行员忽略或误读仪表读数造成的。所以，等到未来几年，乘客们知道飞机由 PIBOT 而不是容易犯错的人类驾驶员驾驶，可能反倒会更安心。

PIBOT 机器人即插即用，无须改装飞机，可直接在飞行员位置上工作

脐带缆传输信号给操作员
履带提供牵引力，在
光滑表面上也可工作

第九节
管道巡检机器人系统

高度	25cm（9in）
重量	135kg（298lb）
年份	2013 年
材料	钢
主处理器	商用处理器
动力	电池

现代生活中，公共服务从哪里来呢？从一大堆隐藏的管道中来。管道向住宅区输送洁净水，带走废水和污水；管道还默默地将天然气和石油输送到世界各地。保持管道畅通、防止管道泄漏，可谓至关重要。

20 世纪 60 年代，管道还只能从外部检查，无法做预防性维护，只有人可以钻进去的大口径管道才能从内部检查。所以，直到产生肉眼可见的裂缝或者已经泄漏的时候，人们才能发现问题并去解决问题。直到 1965 年，拯救管道界的“聪明猪”，也就是人们常说的“管道缺陷检测器”，才终于出现了。

最早的“聪明猪”是用金属丝捆在一起的稻草。“猪”的直径与管道直径匹配，通过管道时便可以擦净管道内壁。之所以叫作“猪”，是因为它们通过管道时摩擦会发出吱吱声。除了清洁内壁的“猪”，还有分离不同流体的“猪”，它可作为移动堵头，使燃油、原油等依次通过同一根管道传输。之后，有人在“猪”身上加装了摄影机和其他传感器，用它执行管道巡检任务。

“聪明猪”配有摄影机或磁传感器，能够检测管道腐蚀和开裂情况，对于管道维修养护十分有用。然而它们也有缺点：“聪明猪”在管道中随流体移动，无法控制运动速度，因而很难清晰地检测故障区域；而且，不是所有管道都能用“聪明猪”，许多管道有急转弯和管径的变化，导致“聪明猪”无法通行。于是，人们开始研制替代“聪明猪”的机器人。

PureRobotics™管道检测系统有两条坚固的履带，看起来像个微型坦克。它便携且体型小巧，可通过标准直径 45cm（18in）的人孔（manhole，即检查地下管道用的），用三脚架下放进管道。由于地下没有无线电信号，所以机器人系统用凯夫拉增强型光纤脐带缆实现数据传输，它与地面移动控制站的距离最远可达 3.2km（2mile）。机器人还可以在充满水的管道中工作，不过制造商建议先给管道“排水”再做巡检，以取得最佳效果。

机器人前部的旋转架上装有密集的灯泡和高清摄影机。机器人运动速度约 1.6km/h（1mile/h），但速度快慢并不重要，重要的是它能停下来仔细检查。由此，机器人的主摄影机支持 10 倍变焦，以方便近距离检查。机器人还可以录制视频，并实时传输到地面移动站，显示在三个屏幕上，从而方便操作员决定进一步检查管道的哪个区域。

管道里没有地标，而且无线电波无法穿透地面，所以地下无法使用 GPS 及其他相似原理的导航系统。因此，机器人采用惯性导航系统，可根据自身速度、加速度和运动时间来准确计算其相对于起点的当前位置，从而指引挖掘机到达需要养护维修的地点。

制造商 Pure Technologies 公司称其产品为系统而非机器人，是因为该产品是一个模块化套件。例如，机器人系统的基本单元上可以附加履带车，只需短短几分钟即可装配好，使系统的尺寸和承载容量翻倍。机器人系统还可以拖载一个激光雷达（LIDAR）传感器，用以扫描管道。LIDAR 是 Light Detection And Ranging（光探测及测距）的缩写，它本质上是基于激光技术的雷达。激光束遇到环境中的障碍物后反射回发射源，激光脉冲往返的时间就表征了障碍物到激光源的距离。激光雷达测得的数据点会形成一团点云，计算机利用点云数据可以精确地构建被测区域的三维地图。此外，机器人系统还可以配备磁传感器或声呐系统。

同样是用科学仪器探测人类不可及的环境，美国国家航空航天局（NASA）研发的好奇号（Curiosity）火星探测器可以在太空遨游，备受瞩目，而管道巡检机器人却只能默默无闻。不过，当你打开水龙头或者冲马桶的时候，会感谢它的重要贡献。

配备高清摄影机的旋转架

根据岩层类型，选择旋转钻机
或气动钻机

第十节
自动化凿岩钻机 Pit Viper-275CA

高度	20.4m（70ft）
重量	4mt（4.4t）
年份	2016 年
材料	钢
主处理器	商用处理器
动力	柴油发动机

几十年来，机械化的进步显著地减少了矿山工人的数量。用镐头和铲子凿岩面的日子一去不复返了，如今，采石工作全部是由巨型机器完成的。参观采石场的时候，你会发现，庞然大物般的采石车上，只有顶部窄小的驾驶室里才能看到人。近来机器人领域的发展使采石工作自动化成为可能，新型钻车上连驾驶室都没有了，例如安百拓（Epiroc）公司推出的 Pit Viper-275CA 凿岩钻机（pitviper 是指烦窝毒蛇，而 pit 也指矿山内的采砾坑，一语双关——译者注），其型号中的 CA 即指无司机室自动化（Cabless Automation）。

露天开采包括钻探和爆破两个步骤。虽然岩石很抗压，但它可以从内部裂开。所以，采石的基本技术是钻孔和填充炸药，采石工人点燃引线并跑得远远的即可。如今，计算机会算出实现最佳破岩效果所需的钻孔数量、尺寸和图案分布，并由钻机按计算结果精确地完成钻孔工作。如此一来，单次爆破就可以炸碎数千吨岩石，随后落入采砾坑的碎石被挖掘机收集并装上货车运走。

瑞典安百拓公司是采矿机械行业的领导者。其炮眼钻机产品 Pit Viper-275CA 最初由母公司阿特拉斯·科普柯（Atlas Copco，2018 年拆分出安百拓公司）开发，是一款坦克大小、有两条宽履带的钻车。该钻车的行驶速度仅有 1mile/h（1.6km/h），是此类产品典型的行驶速度。它还配备了激光雷达（LIDAR），以免撞到人、车等障碍物。Pit Viper 能钻出近 60m（196ft）深、直径 27cm（11in）的岩孔，当钻头下降时，钻杆自动化送排系统用传送带向钻柱中输送新一级钻杆。

钻孔定位是用精密的孔定位系统实现的。常见如 GPS 一类的卫星定位系统，其定位精度仅为米级，但采用增强版卫星定位，结合地面基站的辅助信号，定位精度可提升至厘米级。Pit Viper 可配备旋转钻机或气动钻机。旋钻是通过对岩石施压实现钻孔的，Pit Viper 可将其机身重量的一部分——37.5t——压在旋钻上，从而轻松破岩；气钻（又称风钻）类似于 DIY 爱好者常用的锤钻，用气压带动锤击动作，只不过气钻的体型大了许多。气钻属于潜孔钻，其冲击器在凿岩过程中潜入孔内，由于钻杆比钻头窄一些，从而留出空间，让钻屑（碎石块和岩粉）随压缩空气冲出孔外。

2014 年，必和必拓公司（BHP）在西澳大利亚州珀斯附近的采石场进行了安百拓全自动化钻机的首次测试。钻机移动到起点，调节平衡，在设计好的位置钻下第一个孔，然后取出钻柱，拆成单个零件，重复以上过程直到钻好既定位置的 15 个孔。这次展示意义重大，因为，钻机不是由操作人员编程控制的，而是由计算机自动编程工作的，并且这套矿场自动化系统能够全程管控矿场作业。

安百拓钻机正应用于越来越多的铁矿、煤矿、铜矿及其他矿场。如今，操作人员在距离矿场几百英里外的操作中心就可以监控矿场机器人作业。

机器人钻机只是矿场自动化解决方案的一部分，还有无人装载机、搬运车和货车等。这些看起来像巨型版游乐场设施的黄色工业车辆负责在破岩之后搬运碎石。

这些机器人车辆的最大优势是提升作业安全：矿场人员减少了，事故发生率自然就降低了。另一大优势是提升效率和生产率。自动化钻机作业比人类操作钻机更快，一致性更好，而且工作时间可以更长。由于机器只用卫星信号和激光雷达传感器感知环境，白班和晚班并无区别。随着采矿行业技术的发展，未来的矿工甚至可能都没去过矿场。

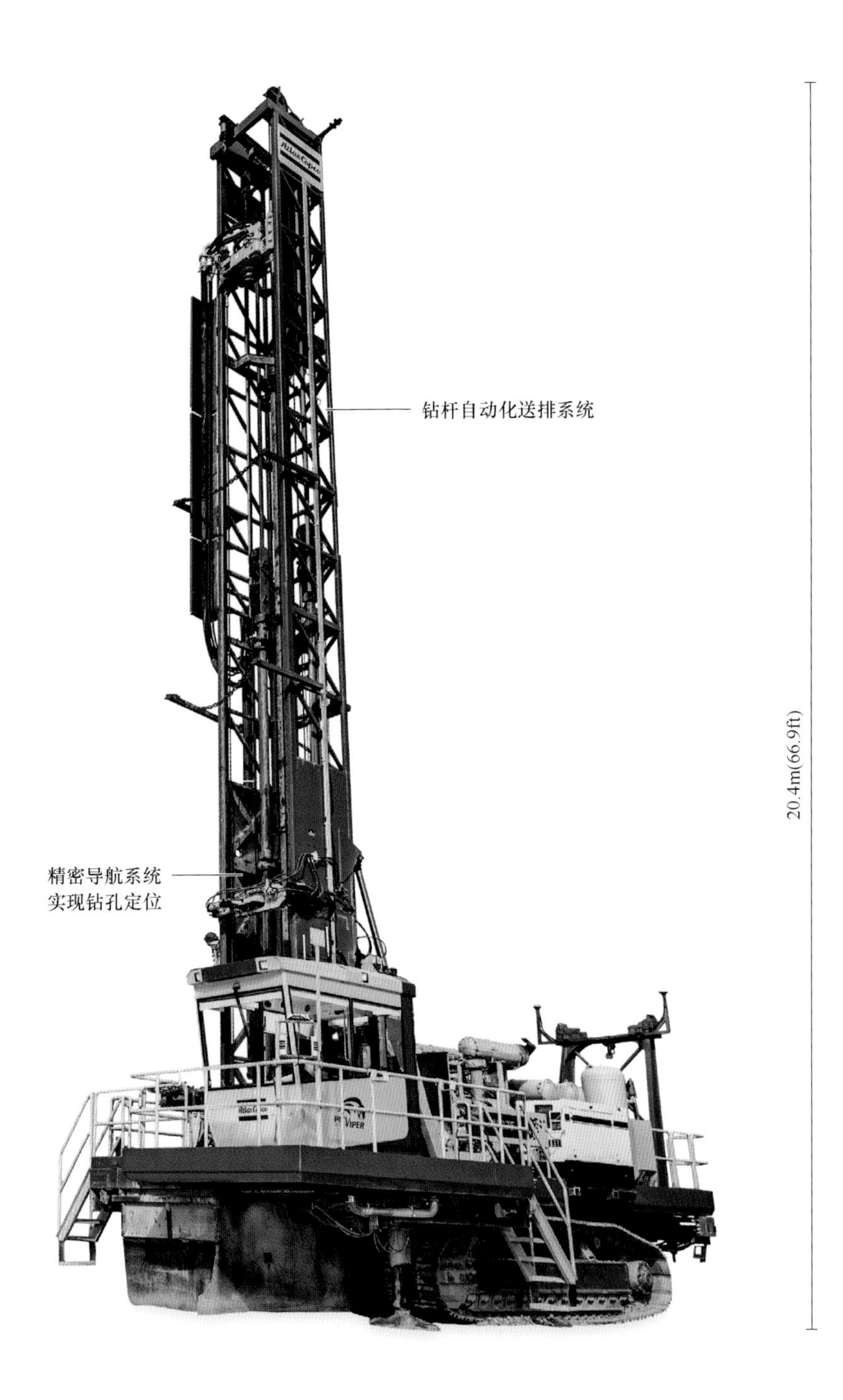
钻杆自动化送排系统
精密导航系统
实现钻孔定位
20.4m(66.9ft)

滑动顶盖提供全天候防护
AUTO
AIROBOTICS
Airbase(无人机基地)内部的机械臂可更换电池组及所需传感器
拥有用于实现远程遥控及数据下载的通信链路的Airbase(无人机基地)

第十一节 自动化无人机基站 Optimus

高度	30cm（12in）
重量	8. 5kg（19lb）
年份	2014 年
材料	复合材料
主处理器	商用处理器
动力	电池；在基站接市电充电

2012 年，中国大疆创新（DJI）公司领导的四轴飞行器革命（参见第二章第十节大疆“御”专业版无人机 Mavic Pro）让航拍进入了大众视线。无人机航拍对消费者而言，意味着度假时能拍出壮丽的景色，婚礼上能用独特的角度留下回忆，而对商业用户而言，其应用前景就更宽广了。

无人机可以代替以往的载人飞机进行航空测绘，也可以巡检冷却塔、烟囱等工业设施，而不必雇用吊车、搭建脚手架。采用无人机的目的是降低作业成本，然而，与无人机低廉的价格相比，无人机操作员的薪酬并不低。

于是，以色列特拉维夫的空中机器人（Airobotics）公司开发了一种无须操作人员介入的新型无人机服务模式。客户不用购买无人机，只需租用无人机基站 Airbase。Airbase 重达 2. 2t，配有 Optimus 四轴飞行器，安装在客户现场后，由空中机器人公司远程管理无人机作业。

准备无人机作业时，Airbase 的全天候防护顶盖滑动开启，Optimus 四轴飞行器起飞。该无人机可飞行半小时，携带日间或夜间摄影机，还可携带激光雷达或用于检测气体泄漏的化学嗅探器。安防类飞行任务可由 Airobotics

公司远程操作飞行，其他日常飞行任务则可由无人机自动完成，无须人工干预。

Airbase 里面很宽敞，可以容纳五个人，也能放下多架无人机，不过目前每台 Airbase 基站仅支持一台 Optimus 无人机。无人机返回后，基站一边接收无人机的探测数据，一边让机械臂更换电池组，不浪费时间去充电。同一个机械臂还可以更换无人机装载的摄影机等传感器。

以色列化工集团是 Optimus 系统的早期应用者，它在以色列南部内盖夫沙漠的料场里安装了一台 Airbase 基站，用于测量磷酸盐料堆的体积。在这之前，料堆测量是人工完成的，测量员要爬上料堆，用 GPS 和测量工具采集数据，而为了保证人员安全，测量员工作时不得不禁止车辆进入料场。现在，Optimus 无人机每天按预定路线飞过料堆，拍摄高清视频，然后返回 Airbase，上传测量数据到 Airobotics 公司的计算机——采用摄影测量技术生成高精度的料堆三维模型。Airobotics 公司的软件可自动计算料堆体积，生成报告并发送给客户。这种方式获取的料堆数据与人工测量数据仅相差百分之几，而料场就可以全天候允许车辆进入了。

开箱即用的无人机解决方案，最大的挑战是自动着陆，对环境中风向风速的任何误判都可能导致无人机坠毁。Airobotics 公司开发了一项专利着陆技术，即使在变化的风力条件下，每次着陆也均可达到厘米级精度。

还有几家公司也在开展类似的无人机充电基站或控制中心项目，例如亚马逊的一项专利是关于提出在路灯灯柱或其他基础设施上安装基站，以便给其送货无人机充电。不过，Airobotics 公司的技术更为先进，也较早推向市场。此类无人机装置适合定期巡检类应用场景，用户多是需要检测管道、仓储及其他设施的工业公司。此外，安防领域对开箱即用的无人机产品也有很强的需求：无人机可以快速抵达警报现场，近距离拍摄甚至跟踪入侵者。将来无人机可能会像闭路电视一样成为安防应用的必备装置。

从长远来看，能够搭载不同传感器的无人机可能肩负多样化的工作，今天监测空气质量，明天定位道路坑洼或者发现乱堆垃圾者，后天又去管理交通……总之，无人机基站的自动化运行在未来很可能成为城市生活的一道风景。

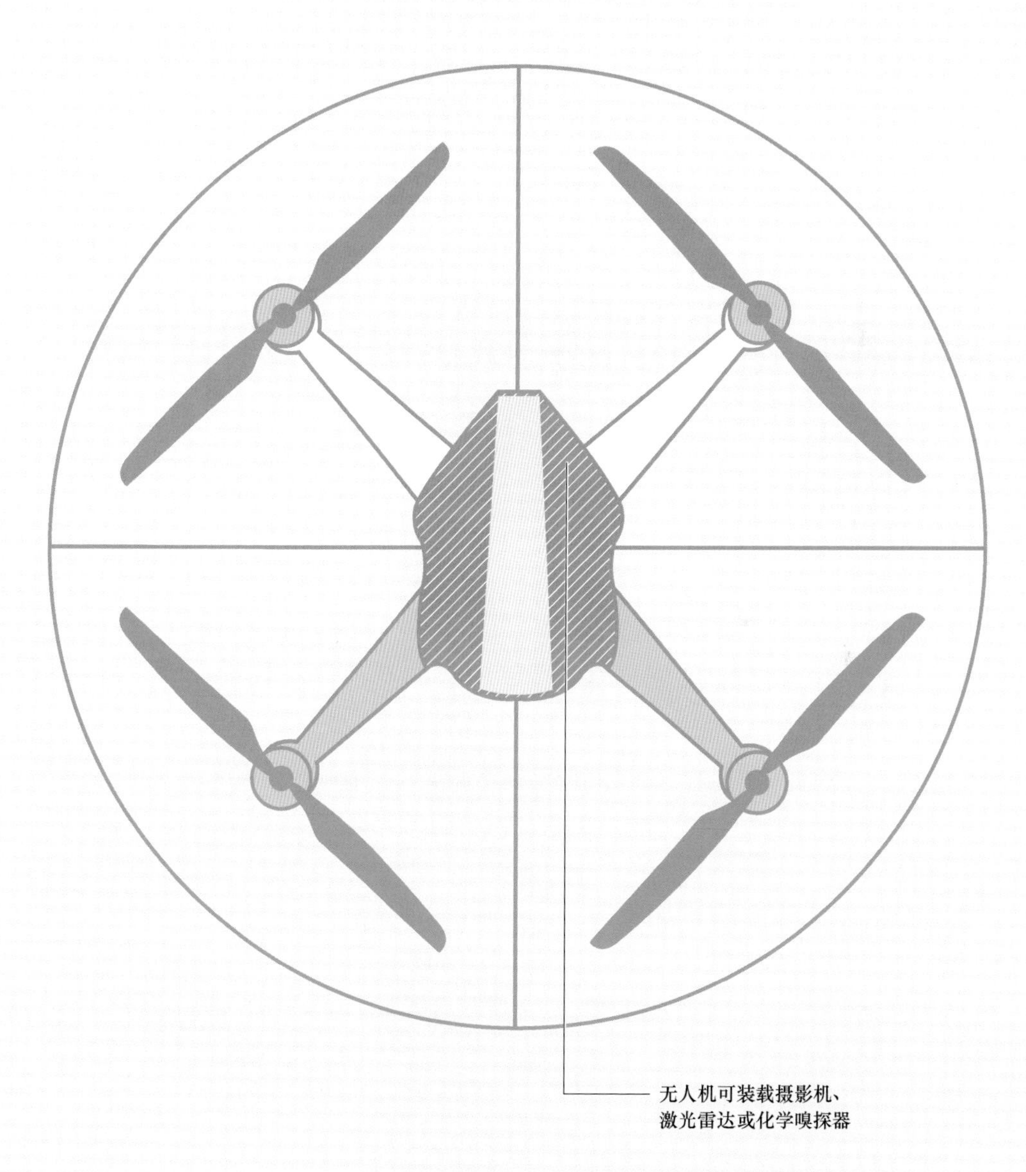

无人机可装载摄影机、
激光雷达或化学嗅探器

移动桨片将做好的汉堡
打包,避免挤压
分液器按订单
要求喷出精确
定量的番茄酱、
蛋黄酱或其他
酱汁
切好的新鲜番茄、洋葱等配菜
在特制烤箱中
烹制肉饼
按订单要求将肉馅和
调味料混合成肉饼
轨道上的刀具确保将面包切成均匀的两半

第十二节
自动化汉堡厨房 Alpha Burger-Bot

高度	约 2m（6.6ft）
重量	约 200kg（440lb）
年份	2012 年
材料	钢
主处理器	商用处理器
动力	外接市电

快餐店是按流水线方式运营的。菜品类型有限意味着订单处理非常高效，只需要遵循一组特定步骤，就能把原材料做成成品。既然整个工作流程简单固定，劳动力成本又高，餐馆老板自然会希望用机器人代替人类员工。

美国旧金山的动力机器（Momentum Machines）公司开发了一款机器人厨师。该公司称这款机器人不仅会烤汉堡，还会按顾客的要求烹饪定制化汉堡。这款名为 Alpha 的机器人厨师其实是一个空间紧凑的自动化汉堡厨房，占地面积仅 $2m^2$（$21.5ft^2$）。Alpha 会调肉馅，并把肉馅压成肉饼，用烤箱而非平底锅烹制。Alpha 的“秘密厨艺”就藏在特制烤箱里，它可能结合了火烤和辐射加热两种技术，既能快速烹熟，又能保留食物的自然美味。

番茄、洋葱、酸黄瓜一类的配菜通过管道运至操作台，在夹入汉堡之前才切片，以确保新鲜。配菜的不规则形状和不同质地对机器而言是一项很大的挑战，因而切菜是最难自动化的任务之一。公司共同创始人之一亚历克斯·瓦达科斯塔斯（Alex Vardakostas）也称“切番茄最费心了”。瓦达科斯塔斯是一名工程师，而其家族中经营餐厅，这样的经历让他觉得机器技术可以用来制作美食。相比肉饼和配菜，圆面包处理起来更容易一些，但也需要精心设计配有传感器的轨道，以及将面包一切两半的刀具。多个分液器分别喷出精确定量的番茄酱、蛋黄酱或其他酱汁。最后，烹制好的肉饼、面包和配菜要组装好，并用移动的桨片将整个汉堡放进袋子里。打包的环节也需要仔细调整设备和操作方法，确保不会出现汉堡被压扁的情况。

Alpha 每小时可生产 360 个成品汉堡，可以尽可能地减少排队人数，也尽可能地保证汉堡的新鲜。动力机器公司的目标可不只是生产麦当劳那样的标准化汉堡，而是允许顾客定制每一只汉堡。例如，肉饼中的含肉量是 20% 的猪肉还是 20% 的牛肉？胃口不同的顾客想要大一点还是小一点的汉堡？而且，机器不仅提供多种配菜，还有许多特色奶酪可供选择。不仅如此，公司还有一套获得了专利的反馈系统，用以不断提升服务质量。顾客为汉堡评分后，反馈系统会记录顾客的喜好，例如多加奶酪、少放酸黄瓜，这样下次就能给顾客做出更合心意的汉堡了。

让人类员工远离厨房有很多好处。首先，在柜台收银的员工不用接触食品，他们也就不需要戴发网和手套来保证卫生达标；其次，顾客不用再担心厨房员工会咳嗽、打喷嚏传播病菌，或者用同一把刀切完生培根又切洋葱，既不卫生又串味。不仅如此，Alpha 占用的空间也比普通厨房小很多，餐馆厨房变小了，用餐区域就可以更宽敞。并且，开发者称员工成本的降低可以让餐馆采购更优质的原材料，以快餐的价格水平出售精品汉堡。

2012 年，第一代 Alpha 汉堡机器人制作汉堡的可靠性高达 95%。自那以来，公司对于研发进展一直秘而不宣，而 2017 年它突然通过风投融资在旧金山南部开了第一家餐厅。

如果动力机器公司的机器人厨师得到市场认可，其他快餐店也很可能跟进。诚然，高端餐饮业永远需要人类厨师提供附加价值，但快餐行业消费者最关心的是最终产品。如果市场存在对定制化汉堡的需求，而机器人厨师又能够提供质优价廉的汉堡，那么一定会有越来越多的机器人进驻厨房。

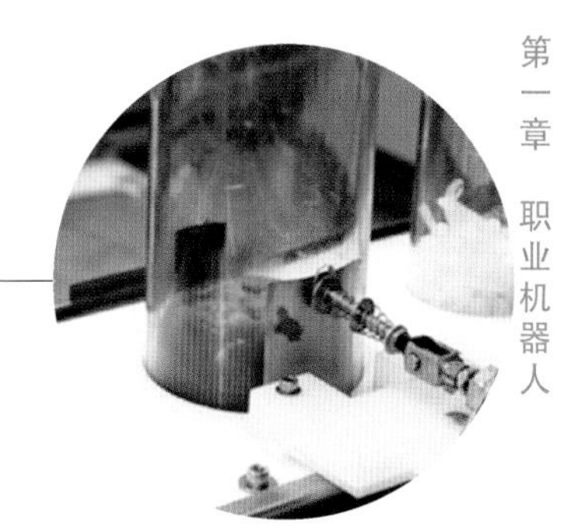

配菜储存在管道中，放入汉堡之前才切片，以保证新鲜

分液器在肉饼上喷洒精确定量的酱汁

一条传送带完成汉堡的各个组装步骤

第二章

家居机器人

如果不算上玩具，家居机器人一直很少见，直到近些年才多了起来。20世纪40年代，上发条的锡制模型还只是长得像机器人，而21世纪初，索尼公司推出了机器狗爱博（AIBO），表明机器人已经变得越来越复杂。爱博配有传感器、处理器和计算机大脑，学习新把戏、新动作都不在话下。爱博能够听懂主人的指令，会追球，被抚摸时还会做出响应。虽然爱博是当时电子玩具行业的技术巅峰，但是它并没有实际的用途。同样，尽管乐高公司的头脑风暴（Mindstorms）机器人计算力超过了登月时代的NASA（美国国家航空航天局），但其本质依然只是个玩具。

家居机器人正在改变上述状况，证明了机器人的实用性。如今，上百万人的家中都有Roomba或其他相似的扫地机器人，还有不少人开始使用诸如Automower一类的除草机器人。移动式人形机器人iPal不再只是玩具，而是充当起保姆和幼教的角色，看护小孩子的同时还能提供寓教于乐的信息服务。成百万计的大孩子和成年人都有大疆创新公司的Mavic Pro无人机。你可以认为无人机只是装载了摄影机的高价机器人玩具，但它们的性能的确让人印象深刻。

在医院，达·芬奇外科手术系统这种会做小手术的医疗机器人将越来越多，还有Flex手术系统（详见后文）这样的机器人辅助系统拓展了外科手术适用的身体部位。STAR（全称为智能组织吻合机器人）是一种智能外科机器人，可以承担缝合伤口一类的简单手术操作。哈佛大学威斯研究院（Wyss Institute）研发的柔性机器人外骨骼已经被用以帮助中风患者恢复运动机能，未来还可能造福更多老年人，让他们的日常活动更省力、更安全。此外，部分截肢者已经拥有精密灵活的智能假肢，例如bebionic仿生机械手。

日常生活中，机器人也将扮演重要角色。谷歌Waymo无人驾驶车吸引了媒体的广泛关注。机器人车辆的出现将重新定义城市交通，其影响力不亚于当年汽车的发明。与此同时，亚马逊的Prime Air无人机送货项目10年前听起来还像科幻一样，现已进入原型机试运行阶段。

家庭机器人Care-O-bot在设计之初的目的是照顾老年人，然而制造商称它其实可以作为机器人管家，作为一个“完美的绅士”，随时陪在主人身旁，关注主人的需求、处理家务。电动空中出租车Vahana可以说是一辆飞行汽车，能在城市中一块很小的起落坪上垂直起飞，而它运送乘客的费用与地面出租车差不多。

并非所有这些机器人都能在现实世界中取得成功。送货无人机、无人驾驶车，这些新型机器人的推广应用都需要相应的法律法规支持，更不用提飞行出租车了。而修订法规需要的时间可能比技术实现的时间还长，因为技术可行性是一码事，能否真正造福社会是另一码事。我们需要认真考虑，是否真的要将人类生活的一部分（诸如儿童教育、老年护理和手术操作）托付给机器人。

不过，历史告诉我们，新技术的发展和应用永远会保持突飞猛进的势头，昨日的新奇事物，一转眼已经随处可见；几十年前父母那一代人觉得不可思议的网络和手机，新一代年轻人已经习以为常，觉得不值一提了。

不久的将来，人类面临的问题不是要不要把机器人管家推向市场，而是要不要让它成为每家每户的标配，以及它做蛋奶酥的水平到底怎样。等自动割草机普及的时候，人们又会想要能自动修理树丛灌木、自动照料花圃的园林机器人；用习惯送货无人机之后，人们还会希望它能运送大件货物呢。

如今，普通人也可以享受到之前只有富人才能享受的舒适生活。用洗衣机洗衣服，拧开水龙头就有热水，按下开关就有暖气。尤其是现在随处都可以打电话、上网——相当于随身携带着人类完整的知识库。机器人的介入将会进一步加速这一趋势的发展，让技术惠及更广泛的群体。

机器人已经进入我们的生活，而且以后还会越来越多。

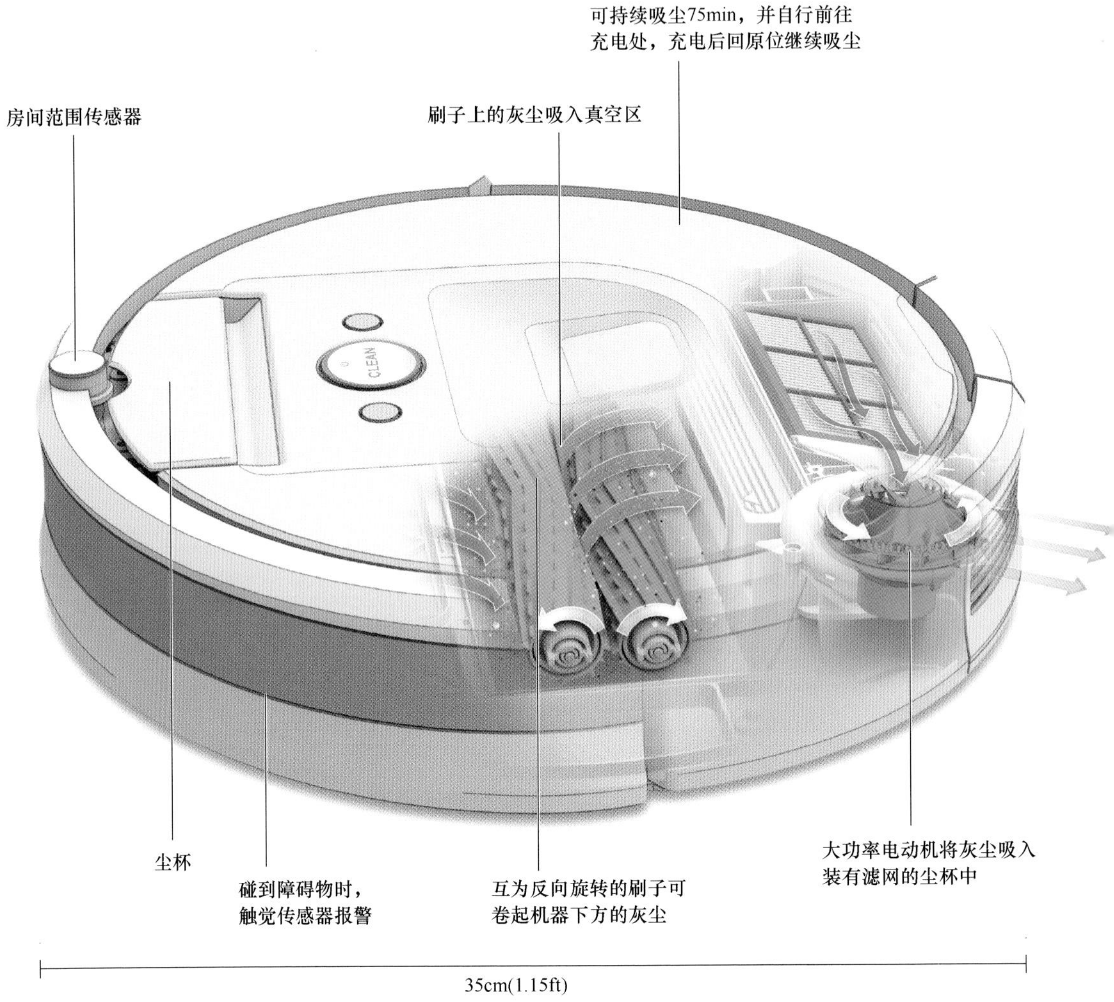

可持续吸尘75min，并自行前往充电处，充电后回原位继续吸尘

房间范围传感器

刷子上的灰尘吸入真空区

CLEAN

尘杯

碰到障碍物时，触觉传感器报警

互为反向旋转的刷子可卷起机器下方的灰尘

大功率电动机将灰尘吸入装有滤网的尘杯中

35cm(1.15ft)

第一节
家居清扫机器人 Roomba 966

高度	35cm（1.15ft）
重量	4kg（8.8lb）
年份	2015 年
材料	复合材料
主处理器	商业秘密
动力	电池

不喜欢做家务的你，也许可以买一台 Roomba。这款小巧紧凑的扫地机是第一款赢得市场认可的家居清洁机器人，无疑也是世界上最受欢迎的机器人之一。Roomba 的销售量已超过两千万台，它们分布在各个国家，勤勤恳恳地扫地吸尘。

Roomba 最初由美国 iRobot®公司于 2002 年推出。几次更新换代之后，Roomba 900 系列的外观并没多大改变，依然是圆盘形，高度约 9cm（3.5in）。最大的改变其实是重量，由于改进了真空系统，整机由 2002 年的 3kg 增加到 4kg。

对于家政机器人的外观设计，iRobot®公司的创始人兼 CEO 科林·安格尔（Colin Angle）最初的想法与现在迥然不同。最初设计的 Roomba 有几条腿，能最大限度地灵活移动。不过安格尔很快意识到这种设计不可行：有腿机器人价格昂贵且可靠性低，而家居机器人应该像其他家用电器一样廉价且可靠。于是他修改了设计需求：怎样让一个小巧又便宜的机器人能够清洁地面？如果不改变有腿吸尘器的设计，就很难把它做得小型化。因此 Roomba

成功的关键在于其精密复杂的刷具。机器人底盘下方有两个大的橡胶刷头，底盘边上还有第三个旋转刷头，用于清理房间边缘和角落。三个刷头一同将灰尘导向真空吸尘口，吸入的灰尘积存在尘杯中。

Roomba 借助两个大轮子滚动行进，每个轮子由独立的电动机驱动，因此可以原地转向，到达房间任何位置。Roomba 高度很矮，方便清理家具下方地面或者沿着现代房间常见的踢脚线清理缝隙。机器上的红外传感器能够探测到墙壁一类的障碍物，并提示机器减速。一旦 Roomba 碰到障碍物，前保险杠上的触觉传感器将提示它后退、转向、再前进，多次重复这一过程，直到绕过障碍物为止。底盘下方也配有红外传感器，以免 Roomba 掉下“悬崖”（制造方的说法），即台阶或其他垂直结构。传感器探测到电源线或地毯流苏的时候，Roomba 会让刷子反转，以免缠成一团。虽然 Roomba 的刷子无法做到像真空吸尘器那样强有力，但机器人会一遍一遍地清扫，以勤补拙。事实上，基于压电和光学原理的“污垢传感器”能够检测到房间各处扫入的灰尘体积，灰尘体积大的位置可能没扫干净，于是机器不断回访没打扫干净的位置，直到扫干净为止。

Roomba 先前的设计采用“随机游走”模式，即在房间中不断地走“之”字形路线，直到传感器检测到整个房间均已覆盖、没有更多灰尘为止。这一模式采用的算法源于第二次世界大战时搜索敌方潜艇的反潜巡逻算法。最新一代 Roomba 变得更加智能，会用红外摄影机绘制房间地图，计算已经走过哪里、下一步要走哪里，从而可以像人类操作真空吸尘器那样走直线。

Roomba 的电池电量不足时，会通过红外信号找到充电处，充完电后再回到原先位置，继续完成清洁工作。主人可以设置让 Roomba 在主人出门后才开始打扫卫生，以免挡道。不过 Roomba 配有多个传感器，就算有人或宠物的时候也可以安全工作，网上就有很多猫狗与 Roomba 互动的视频。

Roomba 机器人也有明显的局限：它无法移动家具或堆积物，也不会清洁垫子下方或者上下台阶，所以无法像人那样彻底清洁，主人还是要自己做一些补充的打扫工作。不过即便如此，还是有上百万人在家中使用 Roomba，这证明了家居清扫机器人已不是新奇的概念，而是家庭生活中的好帮手。

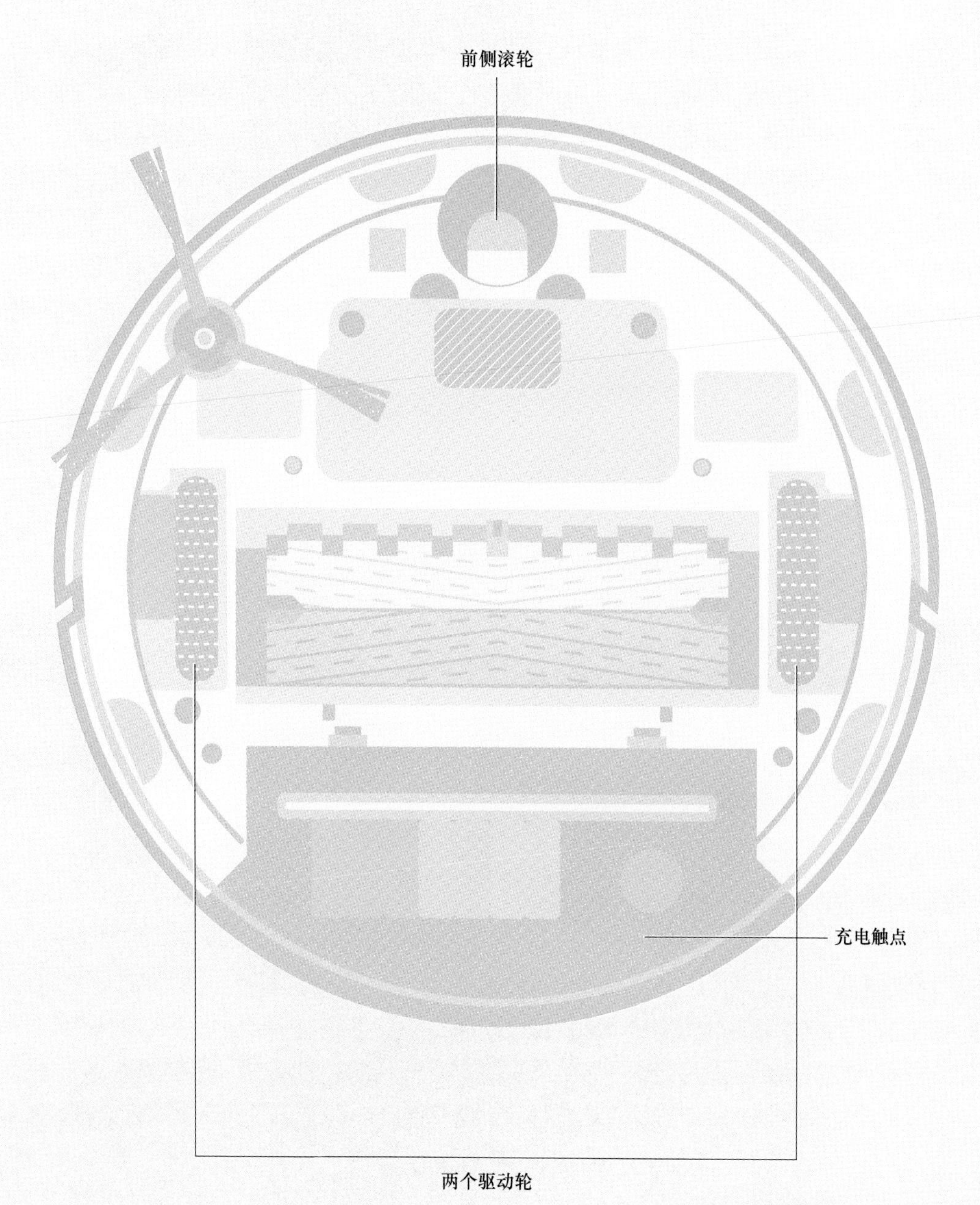
前侧滚轮
充电触点
两个驱动轮

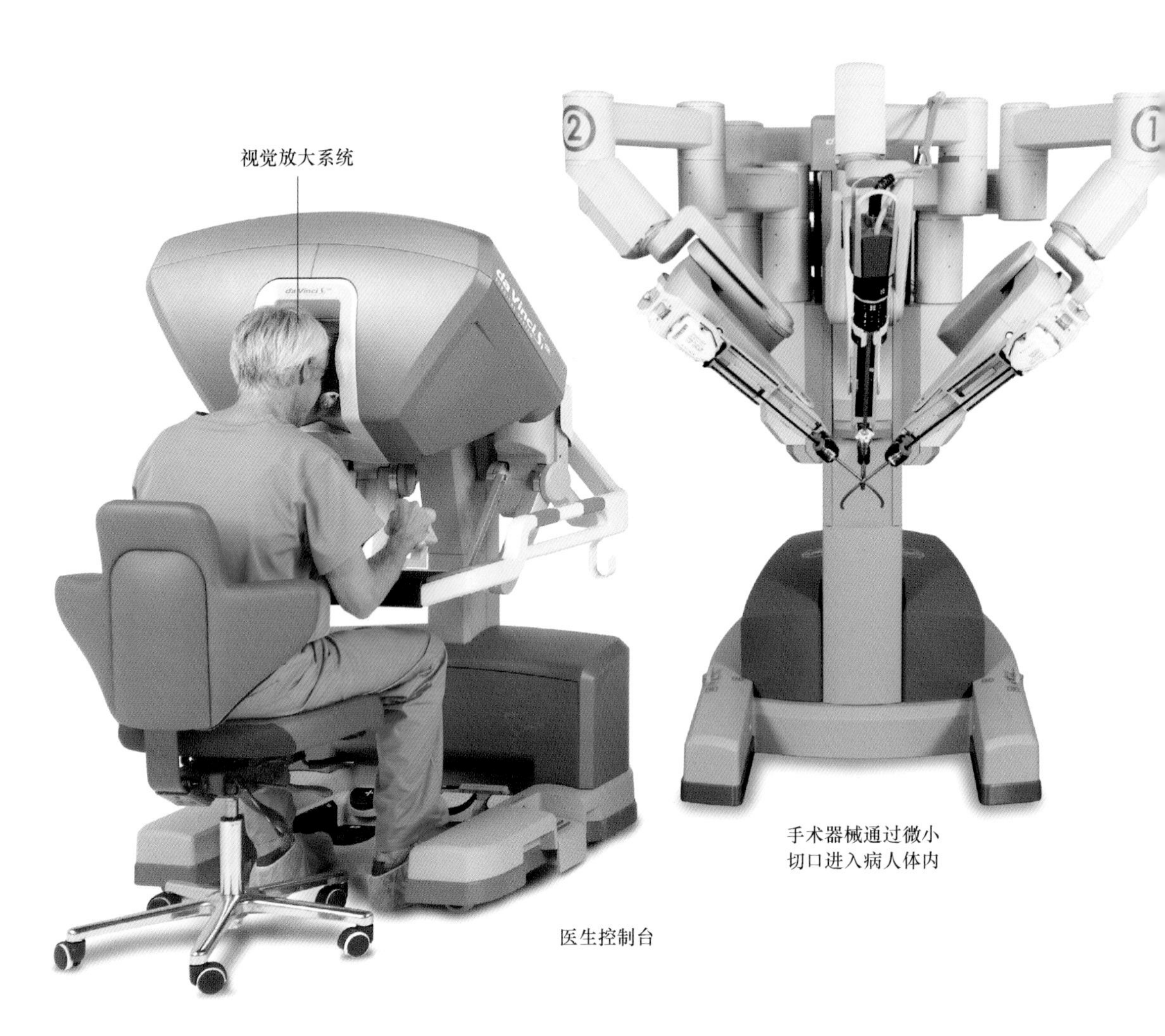
视觉放大系统
手术器械通过微小
切口进入病人体内
医生控制台

第二节 达·芬奇外科手术系统

高度	1.5m（4.9ft）
重量	544kg（1200lb）
年份	2000 年
材料	钢
主处理器	商用处理器
动力	外接市电

达·芬奇（da Vinci）外科手术系统由美国直觉外科公司（Intuitive Surgical, Inc.）制造，是世界领先的外科手术系统，它在常规腹腔镜手术中加入了机器人这一角色。如今，全球有大约 3000 套达·芬奇系统入驻医院，累计完成手术 300 多万台。

直觉外科公司称，列奥纳多·达·芬奇（Leonardo da Vinci）创造了“世界上第一台机器人”，手术系统的命名就是向他致敬。虽然这一系统并非自主运行，而是由外科医生远程控制，但它比医生亲手操作更精确、更灵巧。

传统的腹腔镜手术又称“锁孔手术”，20 世纪初就有了，但直到 20 世纪 80 年代才被推广开来。这是一种微创技术，通过一个长度通常不到 1cm（0.4in）的小切口，对人体深处进行手术。外科医生通过腹腔镜（一根柔性光缆末端的摄影机）观察手术部位，并使用特殊的长柄手术器械进行操作。

与传统手术方法相比，腹腔镜手术的优点是切口小、失血少、痛感轻、住院时间也短，但它对操刀医生的技巧和灵活性要求很高，毕竟长柄器械的可移动范围有限。长柄器械以切口为支点，其末端移动的方向与医生通常操作的方向相反，这种“支轴效应”加大了腹腔镜手术的难度。

达·芬奇外科手术系统于2000年面世后，使腹腔镜手术简单了许多。该系统由三部分组成：一是病人侧的手术台车或手术台架，其上有四个微型机械臂；二是医生控制台，通常与病人在同一房间；三是视觉放大系统，与以往的腹腔镜检查系统类似，但可提供3D立体图像。

医生在手术期间不用一直站着，也不用侧身看着，而是坐下看着正前方的屏幕，并用两个手控器操纵机械臂。机械臂上配有多种仪器，会随着医生的手部动作移动，并能够自动过滤手部颤抖。

机器人的腕部有七个自由度，能够移动到切口内的任意位置，从而避免了支轴效应，降低了手术难度。即使在小切口的有限空间内，医生也可以轻松地缝合、打结，降低了事故和并发症风险。

达·芬奇系统已成为前列腺切除术的标准配置，并且正逐渐被应用于心脏瓣膜修复术中。随着机器人系统的广泛应用，以往高难度的手术趋于常规，变得更加容易操作。

应用达·芬奇系统最大的障碍大概是成本，面对近200万美元的售价，许多医院只能望而却步。因为医疗设备的采购成本一定会转移到手术费用中，所以机器人手术的价格也较高昂。这大概是唯一一个机器人成本高于人工成本的应用案例。

为减轻病人对机器人误操作的担心，直觉外科公司强调说“您的医生在手术期间可全程100%控制达·芬奇系统”。并且，美国食品与药物管理局（USFDA）也为达·芬奇系统颁发了许可证。相比之下，自主机器人系统想通过FDA许可就难上加难了。

达·芬奇外科系统与FANUC协作式工业机器人（见第一章第一节与人类并肩工作的车间助手CR-35iA）一样，都代表了人类与机器人的一种协作模式。就达·芬奇系统而言，机器人负责提供稳定操作和精细控制，人类负责提供技能和专业知识。协作的效果是一加一大于二。

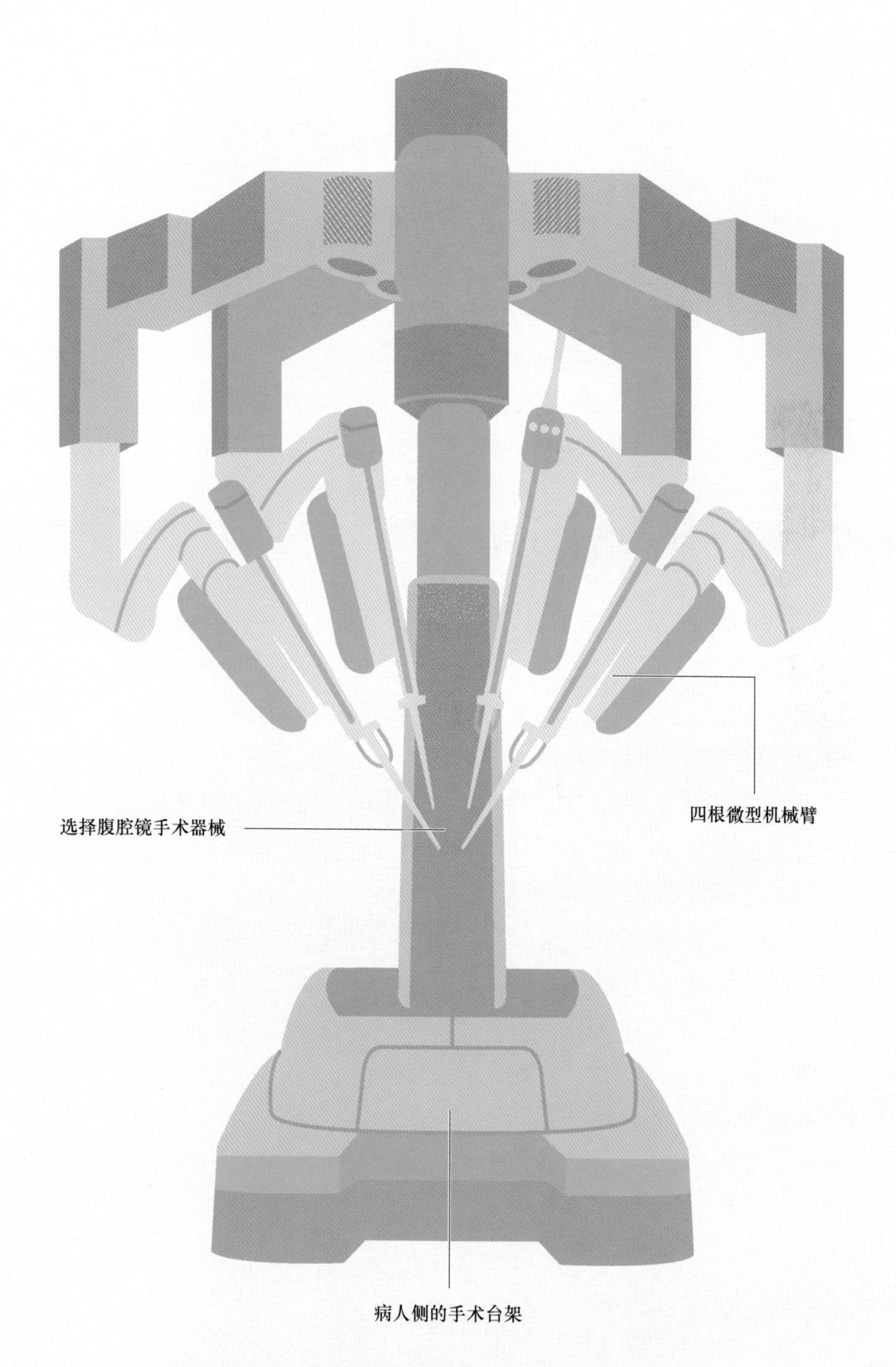
选择腹腔镜手术器械
四根微型机械臂
病人侧的手术台架

导航传感器可检测并跟随草坪边界线，确保不越界
保险杠上有检测碰撞的触觉传感器
Husqvarna
auto mower
330 X
72cm(2.36ft)

第三节
机器人割草机 Automower® 450X

高度	31cm（12.2in）
重量	14kg（31lb）
年份	1995—2015 年
材料	复合材料
主处理器	商用处理器
动力	电池

电动割草机的问世使修剪草坪变得轻松许多，但还是需要人推着割草机走来走去。因此，自 20 世纪 60 年代电子技术取得长足进展之后，发明家们就着手发明机器人割草机了。

瑞典富世华（Husqvarna）公司自 1995 年进军机器人割草机市场以来，一直占据着市场主导地位，截至 2017 年 4 月，累计卖出了 100 万台 Automower 割草机。与以往的电动割草机不同，富世华公司的机器人割草机体型不大、不吵，也不会用危险的利刃一次割平一长条。相反，它们擅长用一种温和的方式修整草坪。

人们操作电动割草机的方式是一次走一长条，沿“之”字形覆盖整个草坪。而 Automower 的做法是沿随机路线连续割草，同一个位置可能被修剪多次。Automower 采用的不是大刀片，而是多个轻量级的安全刀片，由于刀片施力小，碰到比草硬的东西就会被挡开，保证了周围人员的安全。Automower 的理念是“削”草坪，即每次只修剪几毫米，但每天都修剪（而不是每周修剪），从而让草坪保持一个固定高度。割下的草屑留在草坪中作为天然肥料。机器人上还配有检测草坪高度的传感器，一旦某一位置的高度低于设定高度，即停止工作。

目前的高端型号是 Automower 450X，可修剪 0.5hm^2（1.24acre）的草坪。

与富世华公司的其他机器人产品类似，Automower 实现了全自动化作业。消费者购买 Automower 之后，经销商会用专门的布线机器在草坪边界处几厘米深的位置埋设电线，从而圈出割草区域。割草机靠近边界线时，机身上的传感器能检测到电信号并调转方向。埋设电线的方式不仅可以标记割草区域的外边界，还可以标记区域中的内边界，例如机器不可进入的花圃、池塘等。Automower 还配有防撞传感器，可检测到树木、桌椅等障碍物，碰到任何障碍物，机器都会停止前进并转向。

Automower 有两个大轮子，分别由独立的电动机驱动，从而实现了高机动性，可原地转向。据富世华公司称，Automower 相比其他割草机有两大优点：一是雨天也可以工作，并且性能不减；二是声音小，夜间作业不会影响主人休息。因此，Automower 最大的卖点是让人有更多时间享受自己的花园。

1995 年推出的第一版 Automower 用太阳能供电，但实际操作中发现这种方式并不可行，往后的版本改成了由电池供电。电池的电量大概可支持 Automower工作 80min。电量低时，机器会按无线电信号指示前往充电处，也可沿边界线或引导线抵达充电处。整套装置搭建起来之后，Automower就可以自行管辖一片草坪，不需要人为操作了。即使主人长期外出，草坪也能保持整齐。主人还可以通过智能手机 App 设置草坪修剪计划，让机器人仅在夜间或主人上班外出时间作业。

Automower 作为户外机器人，还有一个附加功能——防盗报警系统。机器人被抬起时，会持续发出警报声，直到有人输入 PIN 码为止。修改机器人割草计划时，也需要输入相同的 PIN 码。Automower 450X 还有 GPS 和地理围栏功能，一旦被移出设定区域，就会发送报告给主人。

和其他机器人一样，机器人割草机的商业成功主要取决于定价，或者说与劳动力竞争的水平。这大概解释了为什么机器人割草机在欧洲比在美国更受欢迎。不过，富世华公司长期以来的市场业绩表明，机器人割草机的销量还会像草坪一样不断地增长。

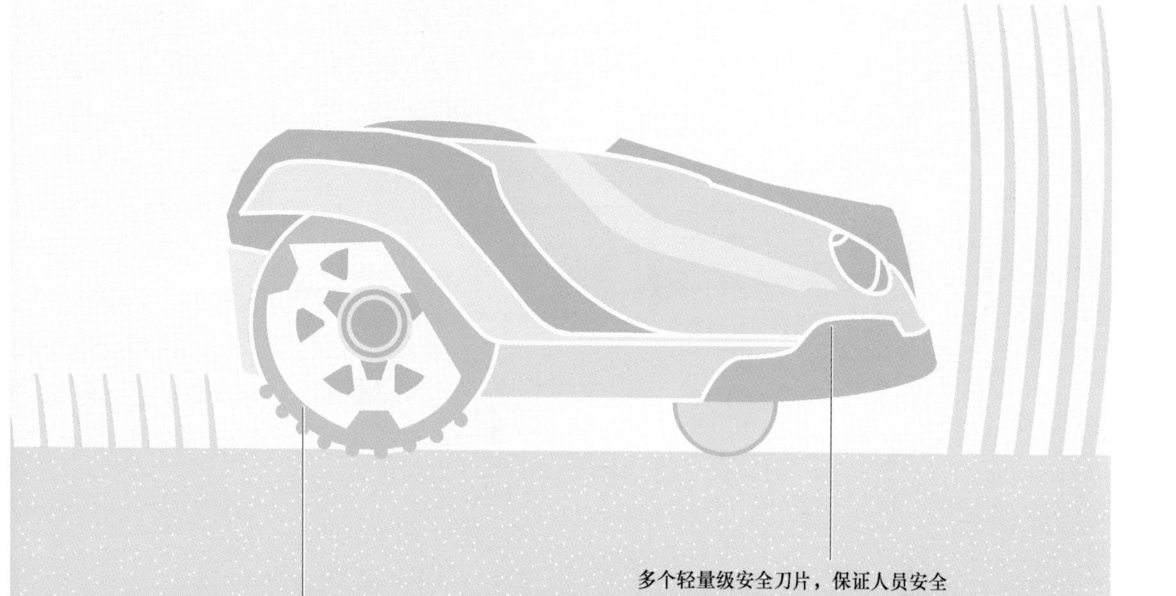
多个轻量级安全刀片，保证人员安全
两轮均由独立电动机驱动，实现高机动性

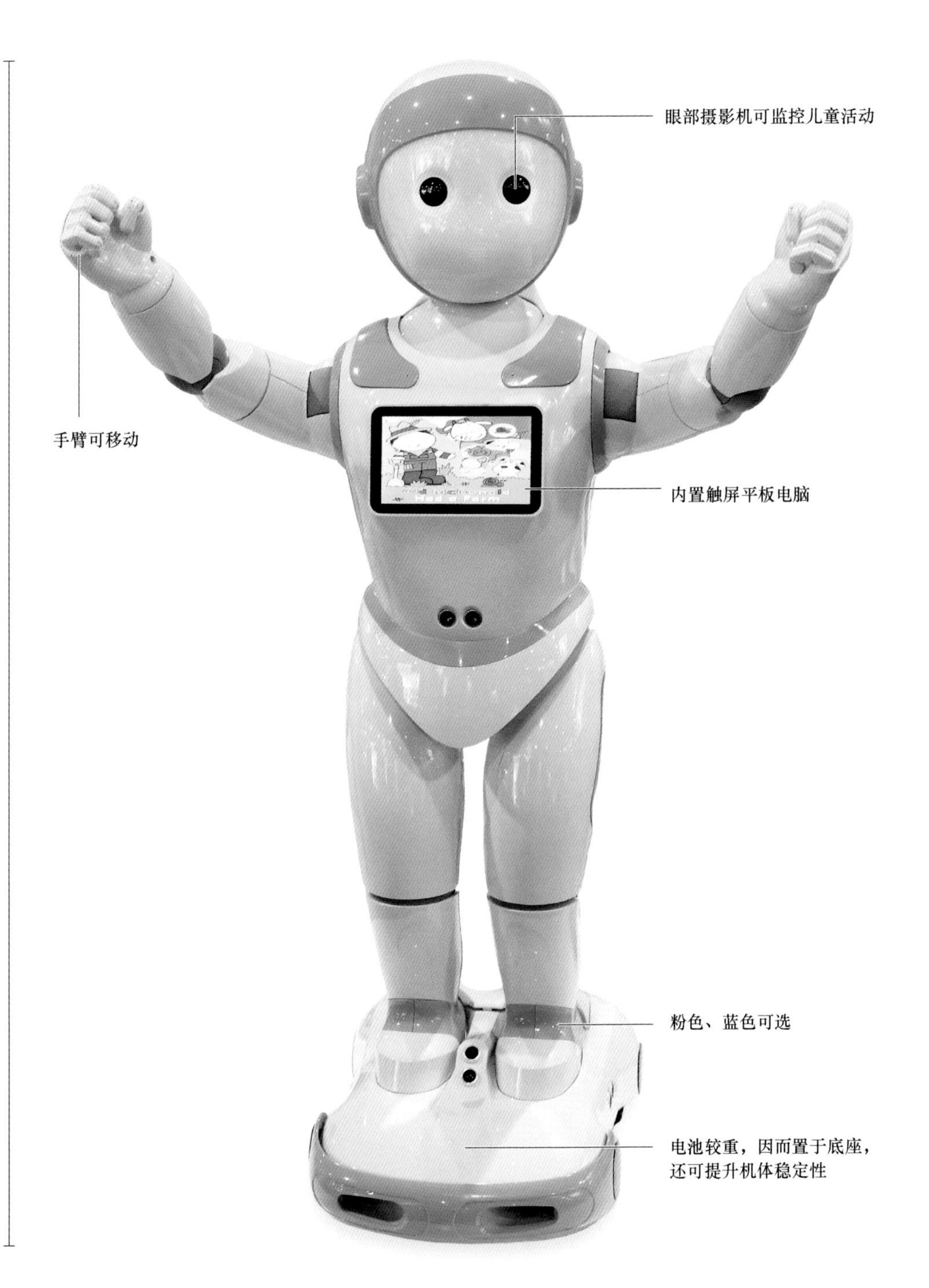
眼部摄影机可监控儿童活动
手臂可移动
内置触屏平板电脑
粉色、蓝色可选
电池较重，因而置于底座，还可提升机体稳定性
1.06m(3.5ft)

第四节
家用保姆机器人 i 宝

高度	1.06m（3.5ft）
重量	13kg（29lb）
年份	2016 年
材料	复合材料
主处理器	商用处理器
动力	电池

2010 年 iPad 推出之前，平板电脑还不属于消费产品，而如今，平板电脑已深深地融入青少年生活中。据估计，2017 年英国 3 岁以下的儿童中有 1/3 的人拥有平板电脑，且儿童平均每天面对电子设备屏幕的时间可达数小时。2014 年成立的初创公司——阿凡达机器人科技有限公司（AvatarMind）希望赋予平板电脑新的用途：看护儿童以及鼓励他们多运动。

i 宝（iPal）是一个身高约 1m（3.5ft）的大眼睛机器人，胸前嵌有触屏，双眼是两个 130 万像素的摄影机，这些内置传感器可以让家长看到并听到孩子在触屏前的一举一动。机器人的设计很容易吸引儿童的注意力，而其加载的教育类软件可以教数学、科学、外语等越来越多的课程。i 宝还会每天拍照、录视频，持续记录孩子的成长历程。

i 宝没有腿，而是靠四个隐藏的轮子移动，这样可以降低机器人的成本。电池在靠近基座的位置，目的是降低重心，避免机器人跌倒。除此之外，机器人还配有防撞传感器及相应软件。

i 宝的手臂可以移动，但主要起装饰作用——对于儿童机器人来说，抓握或捡起东西的功能并不重要。不过，i宝可以玩剪刀石头布的游戏，它会发出高音调的童声，会唱歌、跳舞、玩游戏。制造商称i宝的会话式界面能够回答各种问题，例如“太阳为什么是热的”。与人相比，机器人的优势在于，它永远不会厌倦回答问题，哪怕是同一个问题被问了很多遍；它也不介意孩子让它一遍又一遍地讲同一个故事。

i宝不仅能识别人脸，还可以检测对话者的情绪并做出反应，甚至能够学习主人家庭中的“偏好和习惯”。随着软件的升级，这些功能还会进一步完善，机器人会变得更加智能。

专家们已经对i宝提出了一些疑虑，例如，机器人可能引入其自身的偏好。虽然制造商没有刻意在机器人程序中设置偏好，但i宝和其他教师、保姆一样，可能在言行中展示出不同于孩子父母的价值观，潜移默化地影响孩子。例如，倾向于使用某些网站或软件，倾向于教孩子创造论而不是进化论。

更大的潜在风险是，i宝可能表现得太好了，以至于孩子更喜欢和机器玩，而不喜欢跟家长和其他孩子玩。机器人的亲子时间比家长还长，比任何人都了解甚至理解孩子，这可能导致孩子患上“依恋障碍”，日后难以与人建立良好的关系。

如果机器人成了家长的替身，这无疑会导致一些孩子产生情感问题。i宝制造商也承认i宝不应作为全天候保姆，只有当家长困于工作、无法亲自陪伴孩子的时候，偶尔用机器人辅助育儿才是有益的。没有i宝之前，许多家长买成摞的DVD和海量的iPad游戏来吸引孩子的注意力，让自己可以脱身去做别的事情；相比之下，每天用几小时i宝或类似的机器人来陪伴孩子，可能是更健康的选择。

此类机器人今后会发展到什么程度，是否应限制其发展，都还是悬而未决的议题。家长如果有时间和精力，当然愿意亲自教孩子游泳、骑车和摊煎饼，然而家长未必能挤出时间，尤其是在单亲家庭中。此外，当孩子想学日式折纸、斯瓦希里语或队列舞（line dancing）这样的小众技能，而家长不会的时候，i宝这种看起来全知全能的机器人就能给孩子带来更多的学习机会。

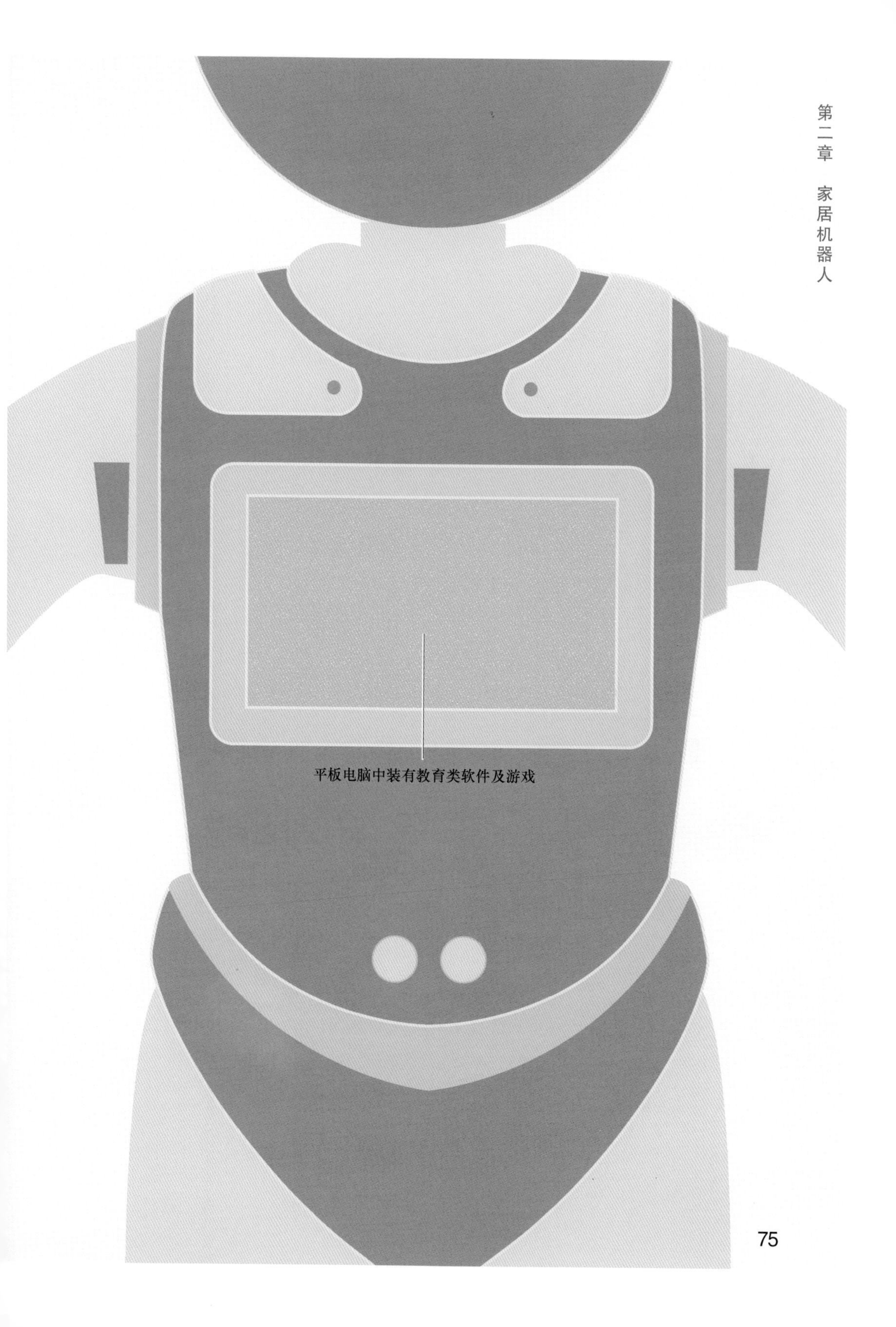
平板电脑中装有教育类软件及游戏

Waymo自动驾驶技术集成于克莱斯勒Pacifica(大捷龙)厢式旅行车中，以后也可能用于更多车型

第五节 谷歌自动驾驶车 Waymo

高度	2.1m（6.9ft）
重量	3.2t
年份	2016 年
材料	钢
主处理器	商用处理器
动力	混合动力车：电池/汽油

2015 年在美国得克萨斯州的奥斯汀市，史蒂夫·马汉（Steve Mahan）的一次兜风创造了历史。马汉是一位法定盲人，尽管车里只有他一个人，但他却没在开车。他是自动驾驶车 Waymo 在公共道路上运送的第一位乘客。

考虑到自动驾驶行业的惨淡开局，Waymo 这次的成功意义重大。美国国防部高级研究计划局（DARPA）曾发起了一场自动驾驶车挑战赛，第一个通过全程 160km（100mile）荒漠的自动驾驶车将赢得百万美元奖金。然而，15 辆参赛车均未抵达终点，成绩最好的也只开了 13km（8mile）就抛锚了。不过从此以后，自动驾驶传感器、处理器和软件迅速发展。一年后，2005 年的挑战赛上有 5 辆参赛车抵达终点，其中冠军是斯坦福大学塞巴斯蒂安·特龙（SebastianThrun）团队研发的机器人车 Stanley。

特龙随后领导了谷歌的无人驾驶车项目，该项目如今已发展为独立的Waymo公司（谷歌和 Waymo 都隶属于母公司 Alphabet）。Stanley 装载了许多传感器，其中对于 Waymo 自动驾驶车开发最为关键的传感器是车顶上的激光雷达（LIDAR）——一种通过发射和接收激光来构建环境三维细节地图的雷达传感器（见第一章第九节管道巡检机器人系统）。谷歌是一家数据公司，其关键产品之一是谷歌地图，地图中包含全球许多城市的测绘数据和照片，详尽程度前所未有。将激光雷达数据匹配谷歌地图，即可实现车辆精确定位，从而规划行驶路线。谷歌最初的自动驾驶车成本为14万美元，其中Velodyne公司的激光雷达占了近一半成本。如今，谷歌似乎已经自己开发出了低成本的激光雷达。

对Waymo自动驾驶车来说，软件和传感器一样重要。自动驾驶车必须实时感知、分析周围环境并做出决策。尽管多数场景下车辆只需要采取常规操作，但偶尔遇到道路施工却无标志、故障车辆、动物横穿马路等意外情况，还是可能发生事故。

Waymo自动驾驶车在开发过程中进行了上千小时的道路测试，人类“驾驶员”将手放在方向盘上，仅在紧急情况下才接管驾驶，以确保安全。谷歌测试车经历的至少18次事故中，绝大部分都是人为失误导致的，仅有一次是由于自动驾驶系统失效——当时车辆正缓慢驶离路边，绕过雨水排水沟周围的沙袋，突然被一辆公交车撞到。事故中仅车辆有轻微损坏，没有人员伤亡。

有内部消息称Waymo公司未来将生产电动车，但Waymo公司尚未公布车辆外形，也可能存在多款车型。谷歌的测试车型包括丰田普锐斯（Prius）、奥迪TT和雷克萨斯RX450h。此外，谷歌还有一辆由劳斯（Roush）汽车公司组装的定制车。劳斯汽车公司是一家来自底特律的小型公司，曾参与飞机、游乐园飞车等一系列项目。谷歌在自动驾驶领域的竞争对手，既有福特一类的传统汽车企业，又有苹果这样的科技巨头。有赖于深厚的技术储备和长期坚定的研发投入，谷歌迄今仍保持着业内领先地位。

自动驾驶车的出现可能彻底改变城市中心区的面貌。目前，城市建设主要围绕行车和泊车需求而设计，如果车辆能够自动前往稍远的停车场泊车，那么市中心就不需要那么多停车位了。许多业内评论者认为，随着自动驾驶技术的发展，打车费用会显著降低，从而使得私家车保有量下降；而且自动驾驶车可以很方便地作为出租车使用，所以人们对私家车的需求也会降低，谷歌的母公司Alphabet已与网约车公司Lyft达成合作协议。

调查显示，多数车辆每天只行驶1～2h。共享自动驾驶车可以提高车辆利用率，降低行车成本，并缓解市中心的停车难问题。考虑到将近90%的交通事故由人为因素导致，且驾驶员有可能粗心大意、疲劳和酒后驾驶，自动驾驶车可能终将比人类驾驶要安全得多。

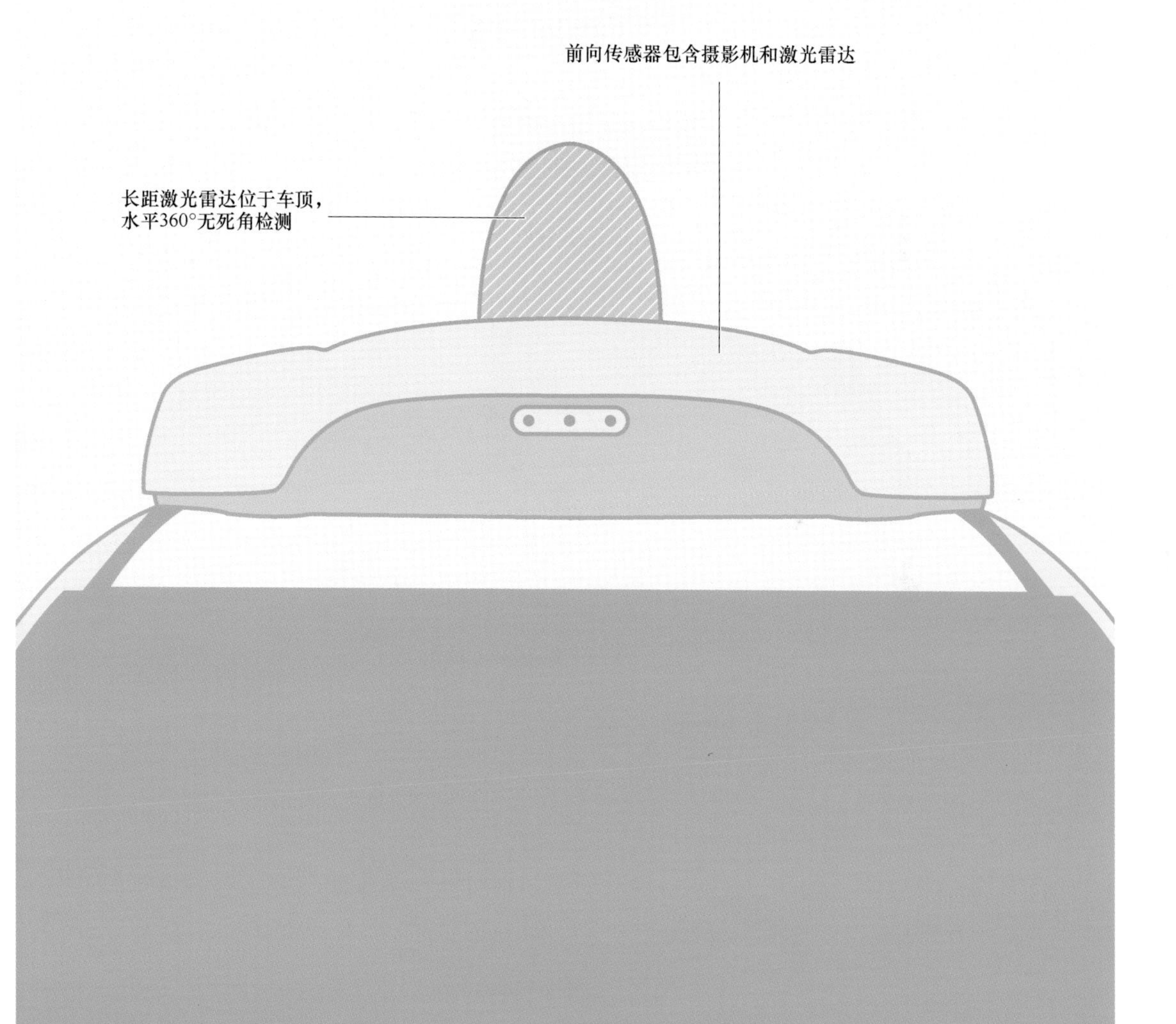
前向传感器包含摄影机和激光雷达
长距激光雷达位于车顶，
水平360°无死角检测

视频显示
环形传感器模组
包含激光测距仪
和双目摄影机
手部传感器包含
3D摄影机
轮式底盘，适合
室内移动
72cm(2.36ft)

第六节
老年陪护机器人 Care- O- Bot 4

高度	1. 58m（5. 18ft）
重量	140kg（309lb）
年份	2014 年
材料	复合材料
主处理器	4-6 Intel NUC i5 256GB, 8GB RAM
动力	锂离子电池

伴随人口老龄化问题，未来几十年内，需要被照顾的老年人越来越多，而年轻人越来越少。德国弗劳恩霍夫生产技术与自动化研究所（Fraunhofer IPA）希望用 Care- O- Bot 4 这样的机器人来减轻养老陪护负担。

日本已经开始推广老年医疗陪护机器人 PARO，其初衷是增加老年人的互动娱乐，而不是提供护理服务。PARO 专为罹患痴呆症的病人设计，它长得像海豚宝宝，能够减轻病人压力，方便病人与陪护者沟通。PARO 可以提醒病人预约看病、按时吃药，日常检查病人的健康和活动状态，但 PARO 的这些功能还不足以使它成为陪护者的助手。

Care- O- Bot 4 是弗劳恩霍夫生产技术与自动化研究所开发的第四代机器人，是一个移动式、模块化的陪护机器人开发测试平台。机器人的软件是“开源”的，即用户可以自行编程，开发者也可以在原有基础上轻松开发自己的软件。

最简版的 Care- O- Bot 就是一个移动式服务推车，有四个独立转向的轮子。一个激光测距传感器和一组立体摄影机围成一圈，融合这些传感器数据即可生成周围环境的三维彩图，从而使机器人能够规划路径、安全行走，避开制造商所说的“动态障碍物”——移动中的人。

机器人配有传声器、扬声器、摄影机和可视屏幕，可作为“远程呈现平台”。病人不需要操作平板电脑或掌握其他新技术，就可以方便地与陪护者、医生或其他人交流。当然，陪护者也可以通过机器人检查病人的健康状况。

如果 Care-O-Bot 配上装有球形关节的手臂，功能会更强大。每只手臂都配有三维摄影机、信号灯和激光指示器，还有三根配有触觉传感器的手指可以调整握力，牢牢地抓握物品而不造成损坏。机器人手臂不仅能捡拾地上的东西、够到高处的架子，还能绕过障碍物，避免碰撞。

Care-O-Bot 的自适应物体识别系统能够辨识没见过的新物品。每次拿起一个物品，机器人就会转动手臂，从各个角度给它拍照，抓取特征点并记忆物品的定向。见过这个物品之后，机器人就可以服从与之相关的命令了，例如“拿一下我的发刷”或者“把花瓶放在桌上”。

老年用户接受机器人与否的关键在于互动界面是否直观、自然。包含下拉菜单、操作复杂的界面显然不可行，所以 Care-O-Bot 需要识别语音和手势。此外，机器人的躯干有两个关节，使之能够表达出各种肢体语言，还可以用头部显示器显示其“情绪”。这些互动功能使得机器人更像人，而不那么像物体。

Care-O-Bot 的第一个应用可能是作为管家和帮手，为主人准备餐饮。随着技术进步，以后它还可以做得更多，例如像早先的陪护机器人那样，提供社交和陪伴功能并协助日常起居。

不过，一些人对机器人陪护存有异议，他们担心这可能增加老年人社交孤立的风险。人类陪护者提供的不仅是协助，更是感情——给予老人同理心和关爱，陪老人说说话。机器人陪护虽是一种廉价又便捷的解决方案，但可能让老年人更加孤单，失去与人类接触的机会。

理想的情况是，Care-O-Bot 4 这样的机器人做煮饭、打扫一类的家务活，从而让人类陪护者腾出时间和精力陪伴老年人。用机器人来协助起居——把机器人当作一种与互联网、与世界联结的方法——它们才会真正提高老年人的生活质量。

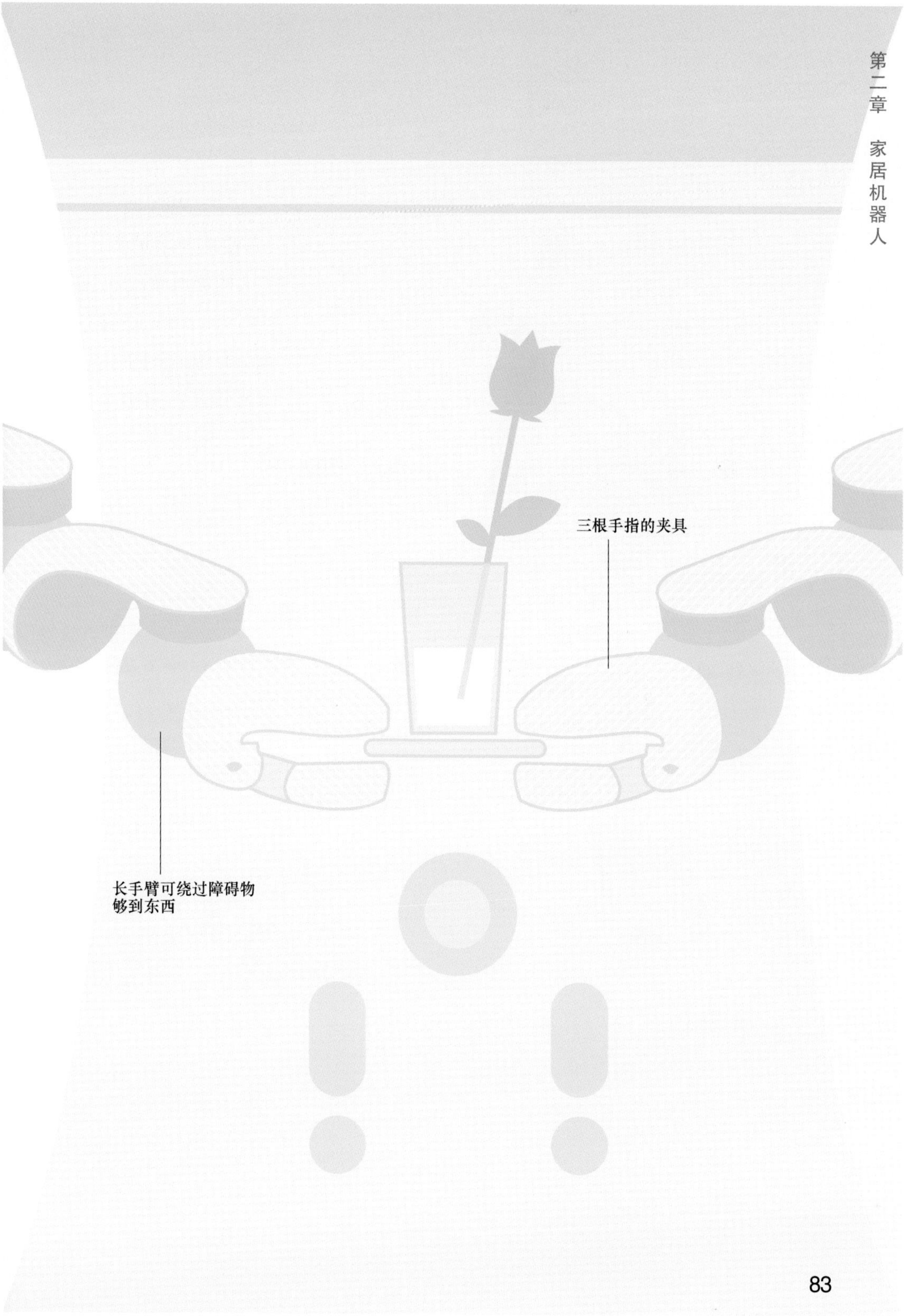

三根手指的夹具

长手臂可绕过障碍物
够到东西

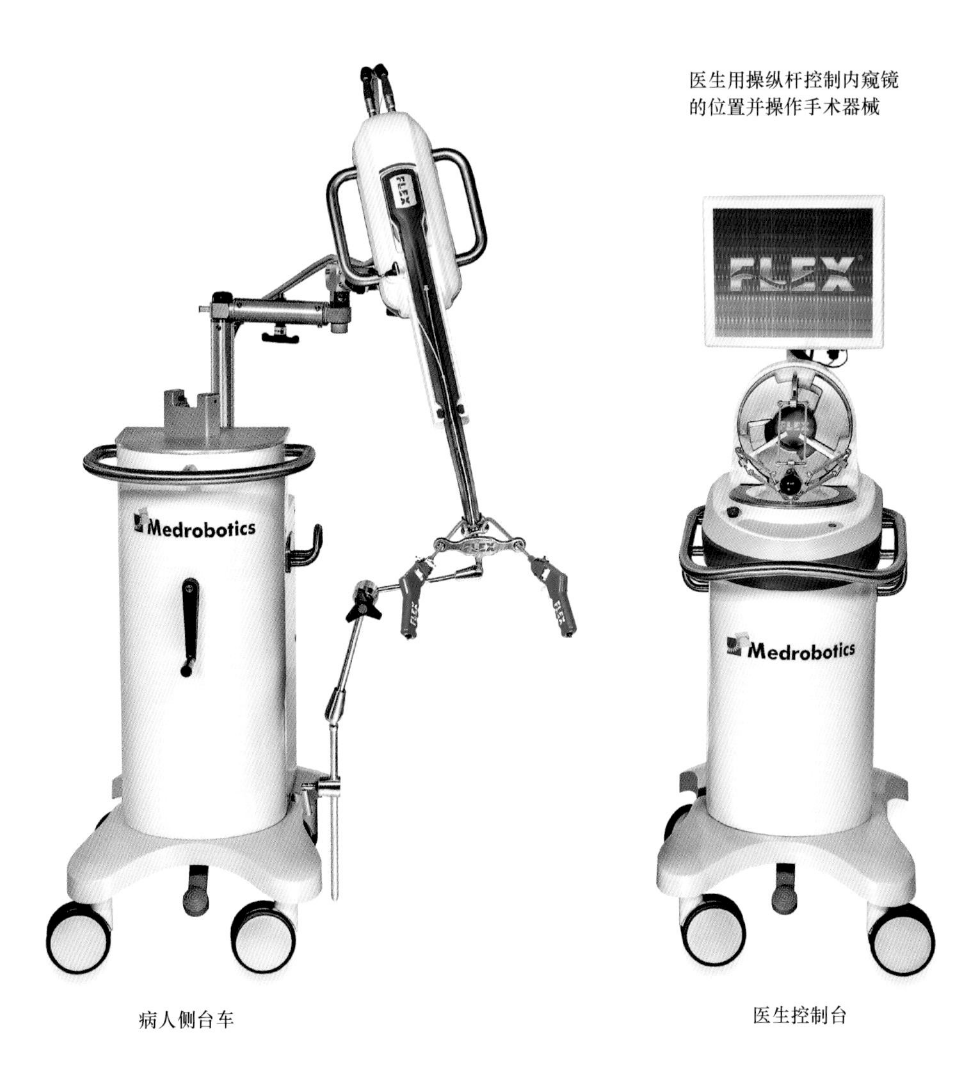
医生用操纵杆控制内窥镜的位置并操作手术器械
FLEX
Medrobotics
Medrobotics
病人侧台车
医生控制台

第七节
Flex® 机器人手术系统

高度	136cm（4.5ft）
重量	196kg（430lb）
年份	2014 年
材料	钢
主处理器	商用处理器
动力	外接市电

达·芬奇外科手术系统（见第二章第二节达·芬奇外科手术系统）这样的机器人仍然需要通过小的切口进入人体内。能不能不开刀，通过自然腔道输送机器人到人体内呢？这种叫作内窥镜检查的技术早已应用于医疗成像，而机器人学科的进展使内窥镜技术更进一步应用于手术操作。

德国医生菲利浦·波兹尼（Philipp Bozzini）于 1806 年发明了第一台硬式内窥镜 Lichtleiter（德文），即“光导体”（lightconductor），从此无须开刀就可以观察到病人的耳道、鼻腔和直肠。后来医生们发明了可以进入人体更深处的柔性内窥镜，还增加了用于组织采样的针头。现在，越来越多的外科手术工具都可以安装在内窥镜上。

卡内基梅隆大学机器人研究所的豪伊·乔赛特（Howie Choset）教授开发了 Flex 机器人系统，将内窥镜技术的应用提升到一个新高度。2014 年，美国马萨诸塞州雷纳姆市的 Medrobotics 公司将 Flex 机器人系统推向市场。和达·芬奇外科手术系统类似，Flex 也由两部分组成：机器人本体放在病人旁边，医生的控制台通常也放在这个房间里。

医生通过操纵杆控制柔性机器人，机器人是一条机械蛇，它沿着病人喉咙进入体内。机器人的“鼻子”是个摄影机，能传回放大的图像，以便医生观察。机器人的躯干由一系列能够弯曲180°的铰链连接机构组成，在四个电动机的驱动下，可实现102个自由度，着实令人赞叹。

机器人抵达手术部位后，各铰链连接机构的位置锁定，从而形成稳定的手术平台。内窥镜中的两个小管子用于传送手术刀、剪刀、夹子和缝合针等器械。医生通过观察内窥镜传回的图像，操纵夹子夹起一块组织，并用手术刀切除。

Flex系统的制造商表示，机器人在体内的机动性很高，以往不开刀很难到达的病灶，现在都可以通过内窥镜技术进行手术。自2016年在美国试用以来，Flex系统抵达肿瘤部位的成功率高达94%，其中58%的肿瘤部位被认定为“难以通过传统方法到达”。

Flex系统代表了微创手术技术的新高度，就像达·芬奇系统一样，它也是需要医生远程遥控而非自主系统。美国食品与药物管理局（USFDA）规定，手术期间必须有一名外科医生全程控制，否则无法认证机器的安全性。制造商采取了一系列的安全措施，如采用控制台来防止意外动作，只有当医生把一只脚踩在控制台的踏板上时，机器人才能运动。机器人唯一的自主功能是，手术后，它可沿原路径自动撤出人体外。

乔赛特教授认为，他发明的Flex机器人开创了一种新型医疗保健模式。达·芬奇系统价格昂贵，一般仅高端医疗机构买得起，而Flex系统则便宜得多。而且，体内微创手术不一定需要病人住院，甚至不一定要在医院里进行。乔赛特教授还认为，有了Flex系统，常规手术不一定只有外科医生才能完成。如他所言，这意味着外科手术的“民主化”，更多人将做得起、做得上手术，而且未来做手术将更快、更便捷，排队时间更短，需要到医院就诊的病人也将显著减少。

近年来，医疗服务的成本和复杂度逐渐攀升，而像Flex这样的机器人有望扭转这一局面。但医疗行业的从业人员不一定欢迎Flex系统，尤其是与机器人竞争的高薪外科医生，可如果这些机器人总能低成本高质量地完成手术，毫无疑问它们将来会被广泛应用。

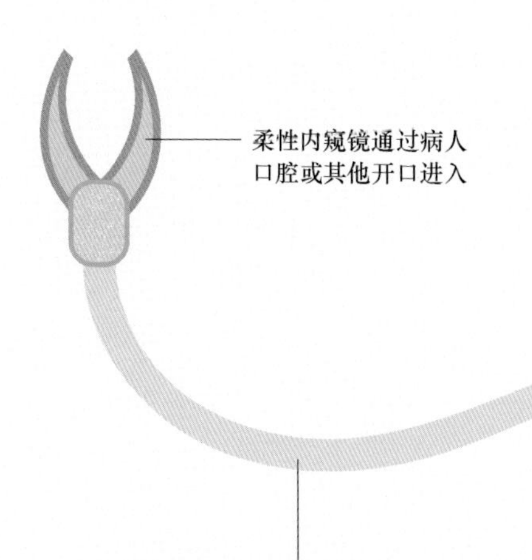
柔性内窥镜通过病人
口腔或其他开口进入

内窥镜由102个铰链连接组成，抵达手术部位
后即锁定位置，形成稳定的手术平台

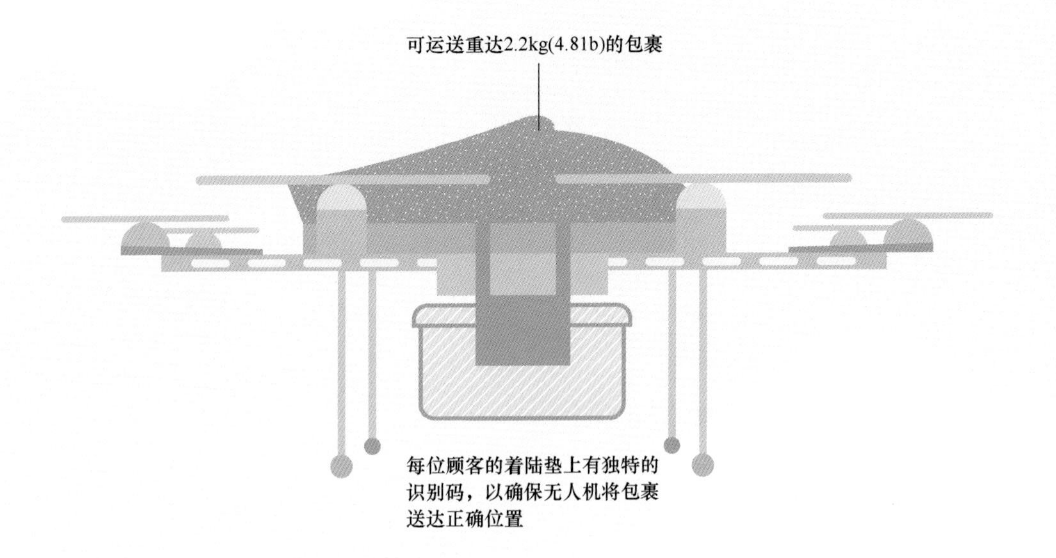
可运送重达2.2kg(4.81b)的包裹
每位顾客的着陆垫上有独特的
识别码，以确保无人机将包裹
送达正确位置

第八节
亚马逊送货无人机 Prime Air

高度	约 30cm（12in）
重量	约 6kg（13. 2lb）
年份	2013 年
材料	复合材料
主处理器	商用处理器
动力	电池

亚马逊是迄今世界上最成功的零售电商之一，在售产品超过一亿件，还有巨大的仓库兼发货中心，确保了大部分情况下货物次日就可以送达。亚马逊公司的发展离不开积极创新，例如它创新性地使用 Kiva 机器人进行拣货和包装（见第一章第五节亚马逊仓储机器人 Kiva）。尽管如此，该公司在 2013 年的圣诞广告中公布送货无人机计划时，大众还是难以相信这是真的。

亚马逊广告中只是做了初步的无人机演示，证明了四轴飞行器运送比萨、啤酒或其他物品在技术上是可行的。人们以为这只是亚马逊吸引注意力的一个想法而已，并非严肃的商业提案。没想到，亚马逊真的招募了一群无人机开发者，搭建起测试场地，还游说政府修改空中管制政策，允许商用无人机送货。

虽然亚马逊无人机 Prime Air 的送货服务尚未正式运行，无人机还不能履行亚马逊的所有订单，仅作为一项高端服务，运送飞行路程在 30min 以内、重量低于 2. 2kg（4. 8lb）的包裹。但是，初始设置完成后，无人机可自动飞行，无须人工辅助操作。

2013 年的广告部分显示了亚马逊的愿景。无人机与其他消费类四轴飞行器类似，都用电池驱动，但无人机进行了改装——它既像直升机一样配有旋翼、垂直起落，又像普通飞机一样，靠螺旋桨向前飞行。这样改装意味着无人机能以96km/h（60mile/h）的速度连续飞行13km（8mile），然后垂直着陆。广告视频中，顾客铺好着陆垫，无人机将货物轻轻地放在垫子上。着陆垫上有类似条码的独特识别码，即使狭小区域中有多个着陆垫，无人机也能够选出正确的那个。

2016年12月，亚马逊在英国进行无人机送货服务的小规模试运行，第一次真正地完成了送货任务。本次订单包含了一根电视棒（Streaming Stick）和一袋爆米花——看上去还是很像宣传噱头。这次的送货无人机与2013年的版本已大不相同，带旋翼的四轴飞行器外侧增加了塑料防护装置，以免飞行器伤及他人。

无人机送货的最大问题是如何安全地飞过人口稠密的城区。目前，在没有人为控制的情况下，不允许无人机飞离人类视线。为此，亚马逊公司正在开发一种感知-避障系统，用摄影机和其他传感器检测树木、建筑、电线、鸟类及其他无人机等障碍物。亚马逊公司还计划让无人机在120m（400ft）以下的空域中飞行，以避开有人驾驶的飞机。航空监管部门尚未确定要如何监管无人机送货活动：无人机不仅要有安全的设计，更要能证实其安全性，毕竟在60mile/h（96km/h）速度下，一个重量只有几千克的无人机都可能造成严重事故。

美国大概是最难批准无人机送货的地区之一，因此亚马逊选择其他国家来开展试点项目。一旦在某个国家试点成功，在其他国家获批就会变得容易得多。

同时，亚马逊还源源不断地申请了一系列与Prime Air项目相关的专利，既有充当无人机基站的飞艇，又有摩天大楼上的充电站，还有送货的降落伞。虽然无人机形态各异且送货模式各不相同，但亚马逊进军无人机领域的决心看起来坚定不移。

现在，很多公司都在开发与之类似的概念。例如，Matternet打算建立一个无人机网络，向发展中国家的偏远山村运输医疗用品；DHL和UPS等传统快递公司正在尝试让无人机从送货车上起飞、送货；而谷歌也启动了一个与亚马逊竞争的无人机送货项目，被称为ProjectWing。

如此大规模的投入表明了业界对无人机送货这一商业模式的坚定信念。亚马逊可能是第一个运营无人机网络的公司，但相信用不了多久，无人机送货将会像现在的电子邮件一样常见。

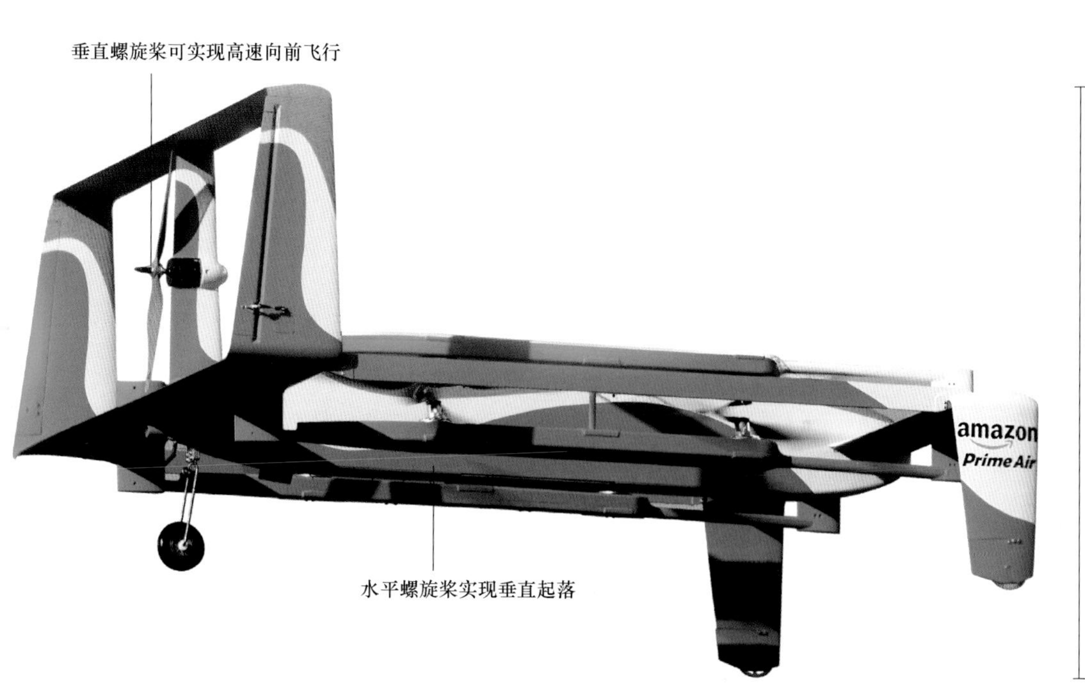
垂直螺旋桨可实现高速向前飞行
amazon
Prime Air
水平螺旋桨实现垂直起落
30cm(12in)

“自动抓握”功能：机器人感知到持握的物品容易滑落时，会调整抓握姿势和力度
按动手背上的开关，可切换到另一组抓握模式
bebionic
中号：19cm(7.5in) / 大号：20cm(8in)
通常附带硅胶手套，颜色匹配使用者的肤色

第九节
智能仿生手 Bebionic Hand

高度	腕部直径 5cm（2in）
重量	598g（1.3lb）
年份	2010 年
材料	铝合金
主处理器	商用处理器
动力	电池

列奥纳多·达·芬奇提出了机器模仿人类关节的理念，这个理念最直接的应用是假肢。假肢手最初只是简单的钩子，或者逼真却无用的木质模型，而现在它已经发展为能够匹配人的手部动作的复杂机器人装置。

英国 RSL Steeper 公司称其开发的 Bebionic Hand 是世界上最先进的假肢手。佩戴者可以做许多健全人习以为常但对截肢者极有挑战性的手部动作，例如拿起玻璃杯、开锁或者拎袋子。

术语“bionic”（仿生）由“bio”（有生命的）和“ic”（相似的或具有该特质的）组成，这个词在美国电视剧《无敌金刚》（*The Six Million Dollar Man*）播出之后，为人们所熟知，因为这部电视剧讲的就是关于一个被装上超动力假肢的试飞员的故事。

Bebionic Hand 由电池供电，并由使用者的肌肉直接控制。它的每根手指都由独立电动机驱动，电子传感器可探测到使用者的腕部肌肉伸缩引起的皮肤导电率变化，从而做出抓握动作。这种“肌电”控制技术已经出现很多年了，但 Bebionic Hand 大幅提升了控制的精度，细分出多种抓握选项，在执行不同任务时，使用者可从 14 种基本手势或抓握模式中做出选择。

使用者可以直接使用其中一组抓握模式，也可以通过按手背上的按钮，切换为另一组抓握模式。使用者还可以根据个人偏好和需求，选择最常用的第一组、第二组模式。Bebionic Hand 制造商称，经过训练和练习，使用仿生手会变得像本能一样。

Bebionic Hand 能被称为机器人手的真正原因在于它拥有智能：嵌入式微处理器可以监控每根手指的位置，实现精确可靠的控制；“自动抓握”功能可以感知到持握的东西是否滑落，从而调整抓握姿势和力度。有时候，变换抓握模式需要切换大拇指的对生和非对生位置。用到对生位置的抓握模式，如“三角架式”（tripod）——食指和中指与拇指相向施力，可以抓握笔一类的物品；又如“发力式”（powergrip）——四根手指向拇指靠拢，可以捡球或拾起水果，或者握住圆柱形物体，如瓶子、玻璃杯、厨房用品和园艺工具。

用到大拇指非对生位置的抓握模式，如“指向式”（fingerpoint）——中指、无名指和小指向掌心弯曲，拇指放在中指上，食指大致向外延伸。这个手势可以用来打字（每只手都只能用食指）或按按钮；又如“握鼠标式”（mousegrip）——操作电脑鼠标；还有“张开手掌式”（open palm）——用于手持大件物品，如托盘或箱子。Bebionic Hand 能够持握重达 45kg（99lb）的物品，手劲足以压扁一个易拉罐。仿生手用比例速度控制的方法控制力度，确保既能压扁易拉罐，又能轻轻拾起像鸡蛋一样脆弱的易碎品而不弄坏它。

Bebionic Hand 的裸手看上去机器感十足，但套上硅胶手套后就逼真多了，为了接近使用者的肤色，手套有 19 种颜色可选，还可定制硅胶指甲。以往，假肢使用者常常抗拒使用假肢，因为感觉它不是自己身体的一部分，而 Bebionic Hand 以其逼真的外形和强大的功能，帮助许多使用者克服了心理阻碍。

虽然 Bebionic Hand 不像电视剧中“无敌金刚”（Bebionic Man）的手那样具有超能力，但它的确给许多假肢使用者带来了前所未有的便利生活。

嵌入式微处理器能监测每根手指的位置，实现精确可靠的控制
五指均由独立电动机驱动

配有独立电动机的四组旋翼
掌控方向并保持稳定

稳定的4K分辨率航拍摄影机

机翼张开时，机身宽度为198mm(7.8in)

用户在触屏地图上
指定飞行目的地

第十节
大疆“御”专业版无人机 Mavic Pro

高度	8.3cm（3.25in）
重量	700g（1.6lb）
年份	2016 年
材料	塑料
主处理器	专有处理器
动力	锂离子电池

如今，像大疆 Mavic Pro 这样的微型四轴飞行器越来越普及了。数以百万计的发烧友用它拍出壮丽的航拍视频。中国大疆创新（DJI）公司已成为世界上最成功的无人机制造商之一。Mavic Pro 看起来像玩具，但仔细观察会发现，其实它是一个高度复杂的自动飞行机器人。

20 世纪 90 年代早期，美国工程师麦克·达曼（Mike Dammarm）开发出第一架由电池驱动的四轴飞行器，可以认为这是多轴飞行器的起源。标准直升机通常有提供升力的水平旋翼和保持稳定的垂直旋翼，通过改变旋翼的倾斜角来转向，实现这种功能需要精心设计机械结构。相比之下，四轴飞行器的机械结构就简单多了：四组旋翼配有独立的电动机，其中某个旋翼加速或减速，即可转向和稳定机身。人类操作员很难完成这种控制，但这对电子控制系统而言易如反掌。即使在有风的恶劣天气情况下，Mavic Pro 依然能在空中完美地保持静止，它还可以倾斜机身高速飞行。

2010 年，法国 Parrot 公司推出了通过 Wi-Fi 实时回传视频的四轴飞行器 AR. Drone，使达曼的发明得以产品化并一炮而红。AR. Drone 虽然卖得很好，但只能短距飞行几分钟，而且摄影机拍摄照片的分辨率很低。

大疆 CEO 汪滔发现了小型无人机航拍的潜力，并着手研发相关技术。从电池、电动机、摄影机、传感器、处理器等组件开始。直到 2013 年，大疆才发布了“精灵”（Phantom）无人机，它能连续 20min 拍摄高质量的视频，还能在 1.6km（1mile）以外遥控飞行。“精灵”的价位适合大众市场，销量数以百万计。

如今，最新款“御”专业版（Mavic Pro）比“精灵”系列体积小，重量仅 700g（1.6lb），售价不到 1000 英镑，但用到的电子技术极为先进。制造商称无人机操作十分简单，初学者拆开包装后就能开始航飞。“御”专业版无人机的飞行速度为 65km/h（40mile/h），可在 8km（5mile）以外遥控飞行，摄影机可稳定连续地拍摄 25min“电影级画质”、4K 分辨率的视频。

“御”专业版无人机虽然体积小，却能够应对风速超过 32km/h（20mile/h）的恶劣天气。探测地面的摄影机和声呐保证了无人机悬停时如磐石一般稳定，爬坡时可与坡面保持垂直方向的一个恒定高度。“御”专业版无人机的另一个卖点是便携性，它的四根机臂可折叠，折叠后它的体积仅有水壶大小，方便人们在登山、徒步时携带和使用。

“御”专业版无人机之所以可以被称为机器人，是因为其内置了高水平的自动控制系统，能够自主飞行，并借助声呐和摄影机避障。用户只要在触屏地图上指定目的地，无人机就可以根据 GPS 导航自行规划路线。“御”专业版无人机配有智能光学导航系统，起飞时会拍摄下方地面的照片，用以识别位置。因此用户只需一键操作，就能让无人机返回起点，且降落位置的误差仅几厘米。

“御”专业版无人机还提供了跟踪模式：摄影机锁定特定的人或车辆，跟踪拍摄。这样方便了滑雪、滑板等运动爱好者自拍运动视频。另一种无须无线电通信的控制模式是手势模式，即无人机能识别操控者的手势信号，在要求的时刻拍照。

比“御”专业版体积大些的无人机已经彻底改变了电影制作行业。追车、俯冲进峡谷或者沿摩天大楼直升等镜头，甚至与老鹰并肩飞行的镜头，都不再需要航拍直升机，只要无人机就可以完成。另一类无人机，如 Airobotics 公司的开箱即用的 Optimus 无人机（见第一章第十一节自动化无人机基站 Optimus），已进军工业和农业领域。不过在普通消费市场上，还是“御”专业版无人机最受大多数用户的喜爱。

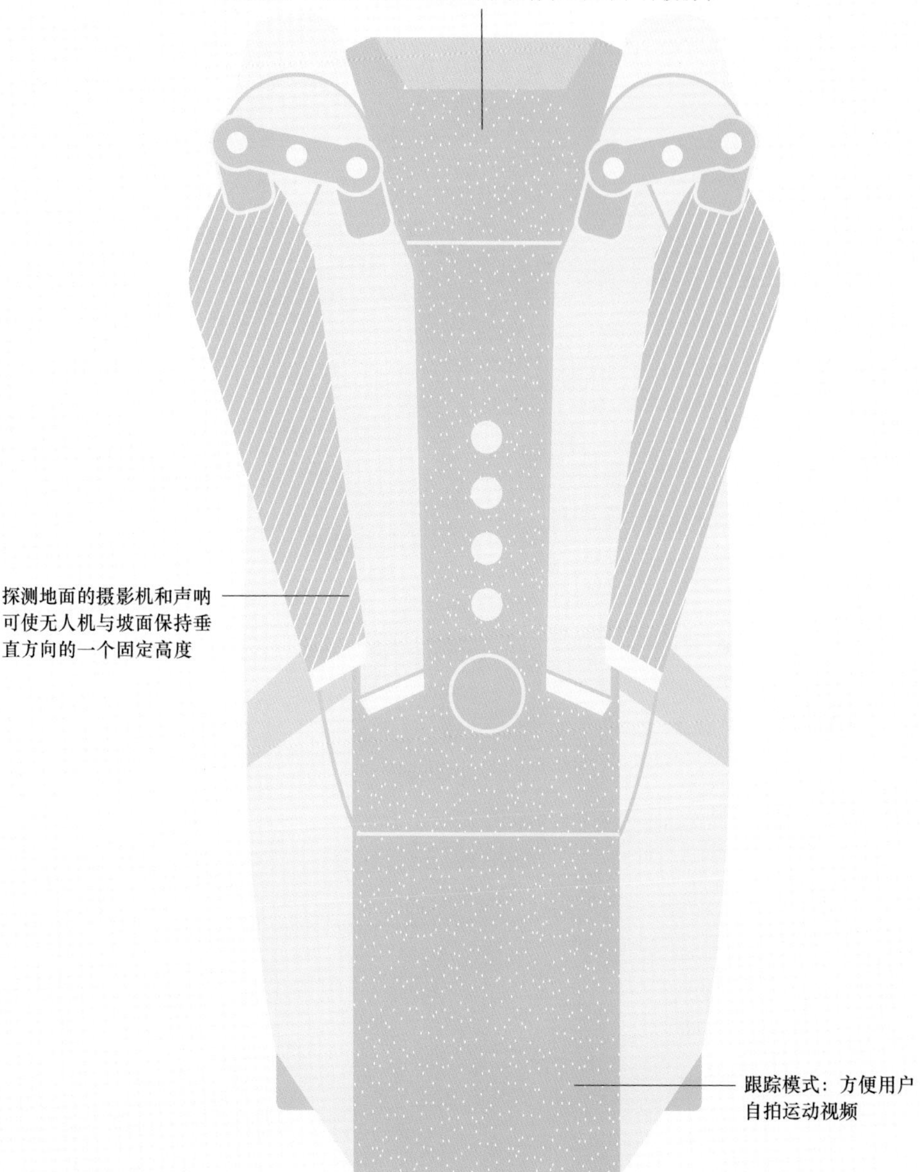
四根机臂可折叠，折叠后它的体积仅有水壶大小，方便携带
探测地面的摄影机和声呐可使无人机与坡面保持垂直方向的一个固定高度
跟踪模式：方便用户自拍运动视频

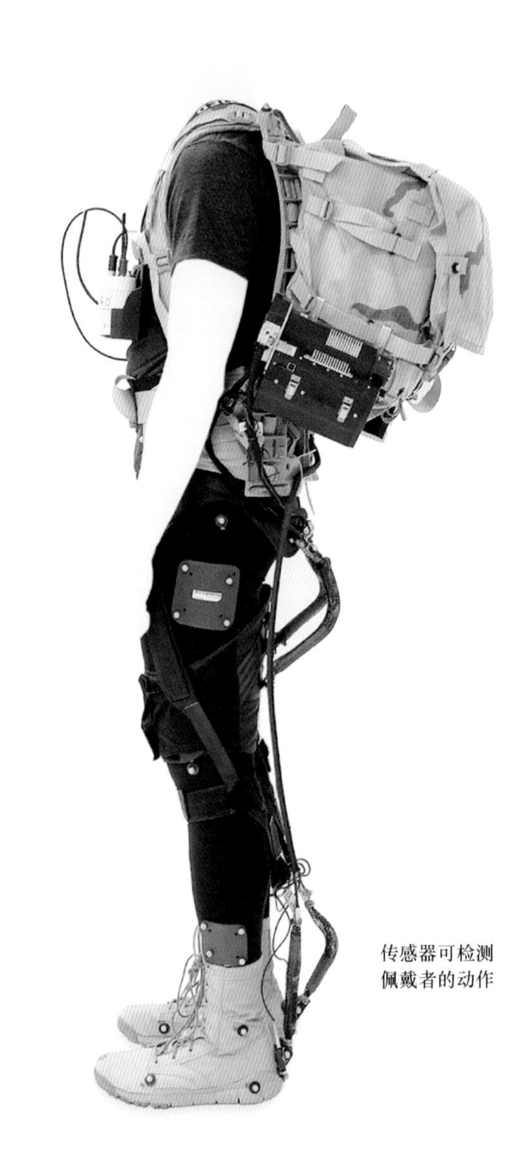
机器人高度由佩戴者决定
传感器可检测
佩戴者的动作

第十一节
柔性机器人外甲

高度	约 1m（3. 3ft）
重量	3. 5kg（7. 7lb）
年份	2014 年
材料	复合材料
主处理器	商用处理器
动力	电池

外骨骼（exoskeleton）是一种可穿戴机器人，能够配合佩戴者的动作提供辅助力量。外骨骼最初的应用需求来自军方，军方需要类似钢铁侠那样能提供超能力的装甲服（见第三章第二节军用外骨骼 XOS-2）。而近年来，研究者将目光转向民用领域，试图开发一种全新的外骨骼。

柔性外骨骼不是一层坚硬的外壳，而更像是一组附加人工肌肉。基于这一理念，哈佛大学威斯生物启发工程研究所（Wyss Institute for Biologically Inspired Engineering）的康纳·沃尔什（Conor Walsh）博士率团队开发了一系列设备，能够辅助中风病人或其他病人完成日常活动，也能为负重或远足的人减轻负担。这些研究者像列奥纳多·达·芬奇一样仔细观察了人类肌肉和肌腱的工作方式，从中寻找灵感。

沃尔什的“下肢机器人外甲”可以穿在腿上，腰带上装有电动机、滑轮和电池组，两腿上各有一根垂直的带子，从脚踝连至腰带。传感器负责检测佩戴者的运动，而计算机系统负责计算每个电动机工作的确切时间。外甲仅在佩戴者需要的时候提供精确的协助，如迈步、踮脚、跳离地面、一只脚落地。如此精密的控制，使得外甲能够紧密配合佩戴者的一举一动，这样佩戴者感觉不到外甲的作用，只会觉得走路更轻松了。

机器人外甲并非由电动机驱动，而是采用了一种被称作麦吉本驱动器（McKibben Actuator）的人工肌肉。它由压缩气体驱动，能像人类肌肉一样运动。人工肌肉与电动机的不同之处在于，人工肌肉施力并不均匀，力量与其伸展距离相关。人工肌肉要与佩戴者的肌肉协调运作，就必须具有与人类肌肉相仿的力量模式，否则容易在动作开始之初施力过大，之后又施力过小，非但不能提供帮助，反而会干扰运动。没有了驱动力，柔性机器人外甲就只是一件沉重的服装，且总重高达3.5kg（7.7lb）。

第一批使用机器人外甲的是中风病人。80%的中风幸存者会丧失部分肢体功能，而外甲能够协助他们恢复行走能力。中风病人在恢复期容易形成不良步态，如提臀、圆周形摆腿行走，以免脚在地上拖拽。这种步态虽然可以凑合一时，但病人的整体运动能力还是受限。有了外甲的协助，病人就能够以正常步态轻便地行走。

沃尔什博士的团队还为手指力量减弱的病人开发了一种柔性机器人手套。这种手套与下肢机器人外甲类似，能够有效放大佩戴者的力量。不久的将来，肌电传感器通过检测神经信号，可以感知到佩戴者试图做抓取类动作的确切时刻，到时就算佩戴者无法移动手指，手套也能做出预期动作。这对无法完成拿杯子、用餐叉等日常动作的病人而言十分有用。

沃尔什博士的另一个项目是为长期负重远足的人设计下肢外甲。军方显然对此很有兴趣。测试表明，柔性下肢外甲能够降低慢跑及其他活动的“代谢成本”，尽管外甲增加了佩戴者的负重，但穿着外甲走1.6km（1mile）还是比不穿要省力。

面向商业应用的柔性机器人外甲正在试验中。美国家居零售商劳氏公司（Lowe’s）正在试点让货物上架员佩戴柔性外甲，以降低其背部受伤的风险。

目前，柔性外甲尚处于开发阶段，未来还会进一步改进以提升整体效益。随着技术的发展，柔性外甲将越来越普遍，使人们到了晚年仍可以享受旅行和户外活动的乐趣。

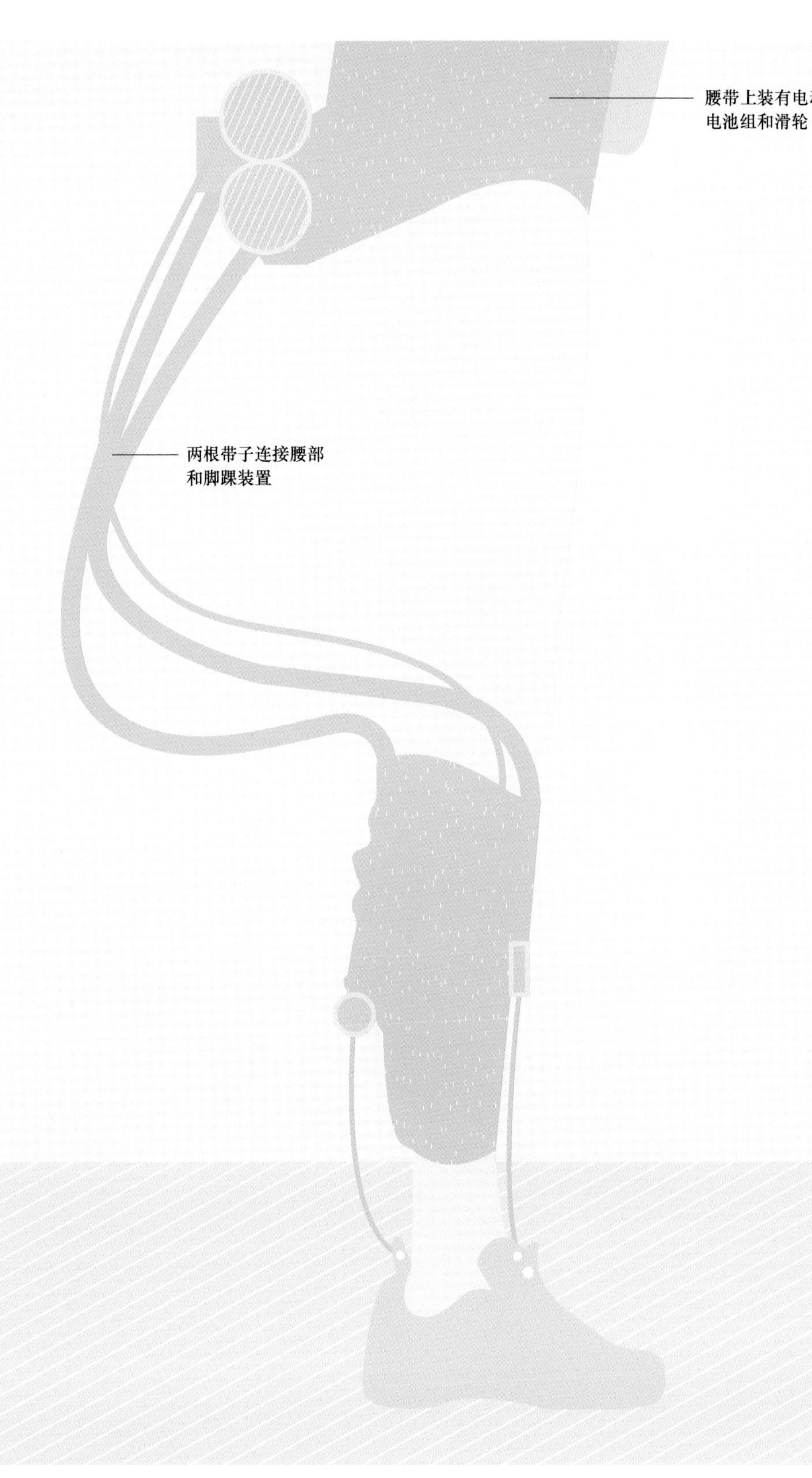
两根带子连接腰部
和脚踝装置

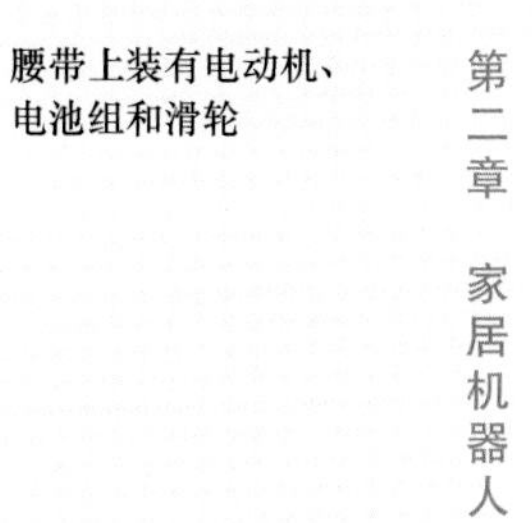
腰带上装有电动机、
电池组和滑轮

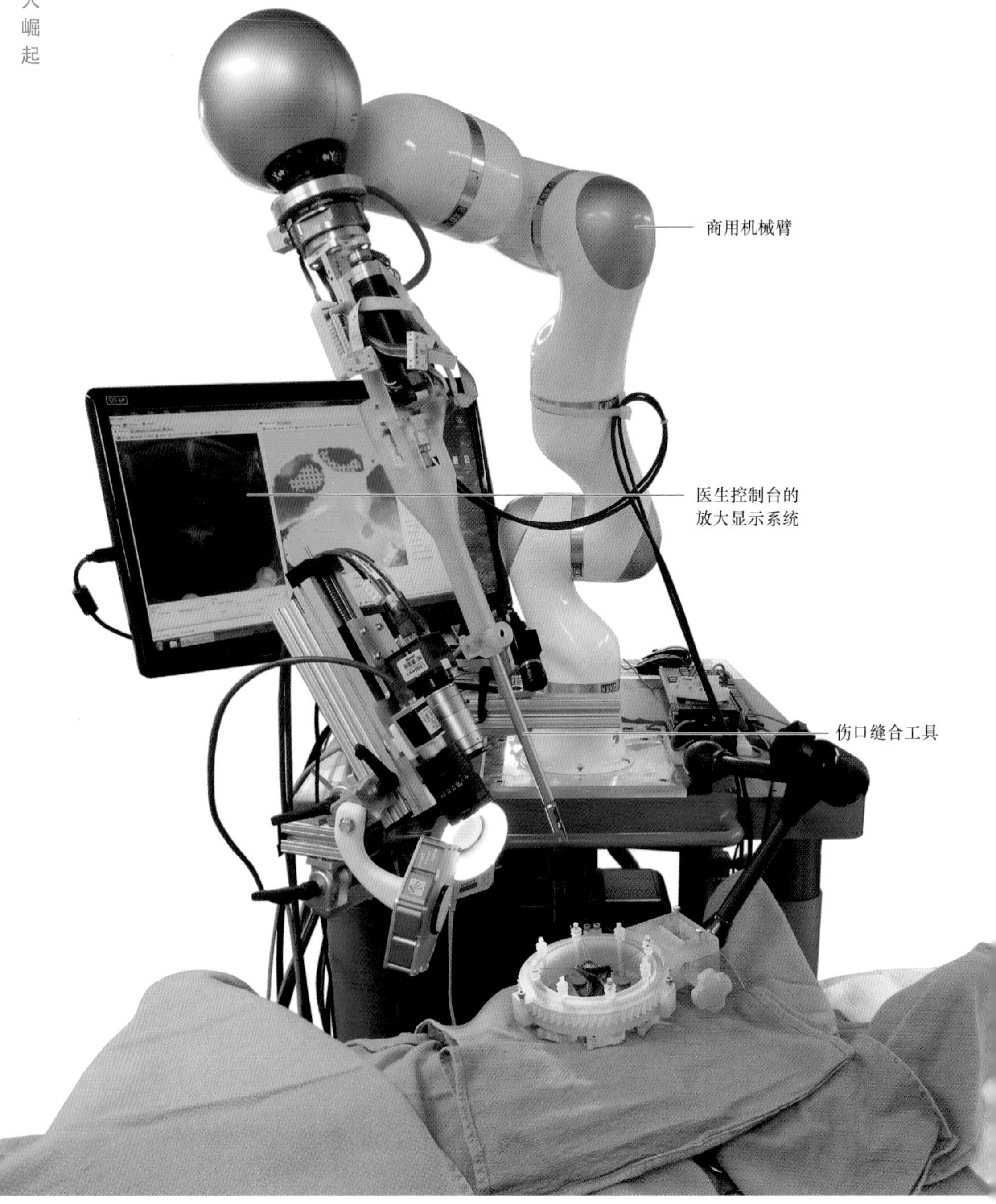
商用机械臂
医生控制台的
放大显示系统
伤口缝合工具

第十二节
智能组织吻合机器人 STAR

高度	约 1.5m（4.9ft）
重量	30kg（66lb）
年份	2016 年
材料	钢
主处理器	商用处理器
动力	外接市电

鉴于软组织手术的要求，达·芬奇外科手术系统和 Flex 机器人手术系统（见第二章第二节达·芬奇外科手术系统和第二章第七节 Flex®机器人手术系统）都必须由手术医生操控。想要实现软组织手术的自动化，需要开发一种全新的机器人。

如果手术位置可以保持固定，工业机器人就能代替医生做手术——这与寻找钻孔位置、钻孔并拧螺钉没有本质区别。常规自动化膝盖手术和激光眼科手术就是例子，只不过为了让病人安心，通常不将其称为“机器人”手术。

软组织手术更加困难。我们身体的大部分都是软组织，在手术过程中容易移动，机器人不能像在骨科手术中那样执行固定动作。因此，在美国华盛顿特区的谢赫扎耶德小儿外科创新研究所（Sheikh Zayed Institute for Paediatric Surgical Innovation），彼得·基姆（Peter Kim）和同事们设计出智能组织吻合机器人（Smart Tissue Anastomosis Robot，STAR），STAR 的特殊技能就是三维跟踪身体组织的移动。

基姆借用了电影行业的“动作捕捉”（motion capture）技术，这一技术能够拍摄并记录演员的三维动作，后期用计算机成像（CGI）技术合成画面。例如，《霍比特人》（*The Hobbit*）系列电影中演员安迪·瑟金斯（Andy Serkis）饰演的咕噜（Gollum），就用到了动作捕捉技术。拍摄过程中，演员穿着紧身衣，在重要的身体部位（例如关节）贴上荧光点，从而标记出手、肘、膝盖和脚的相对移动。多个摄影机从不同角度跟踪拍摄荧光点的移动轨迹，之后由计算机根据移动轨迹生成线框动画，作为 CGI 的支架。STAR 机器人采用的技术与此类似，手术前，用一组近红外荧光（NIRF）标签标记手术区域，然后用一组 3D 摄影机跟踪标签移动，从而获知软组织的准确位置。

STAR 机器人最初用于伤口缝合。德国 Kuka AG 公司开发的七个自由度的机器臂配有特殊的缝合装置，其中包括一根弧形缝合针。传感器实时检测机器臂对针的施力大小，以确保针头可以刺进皮肤而不造成撕裂。

开发者称，STAR 机器人在死亡组织和动物身上的测试结果优于人类外科医生，并且缝合得更快，结果一致性更好。与人类医生的缝合结果相比，机器人的漏针、返工更少。目前 STAR 只在人类严格监视下工作，不过从原理上讲，医生标记出缝合位置、按下按钮，机器人就可以独自完成缝合工作。

STAR 并非原型机，而是对当前机器人技术原理的验证。一位外科医生表示，缝合工作是一种“伟大的挑战”，机器人只有学会了缝合，才有可能进一步提升。也就是说，缝合工作看似简单，却是重要的起点——机器人只有完全掌握缝合技术之后，才有可能推开软组织手术的大门。从理论上说，达·芬奇外科手术系统和 Flex 机器人手术系统都可以升级为完全自主的外科机器人。

这项技术可能最先用于没有人类外科医生的场景，例如太空飞行中。此类场景中通常配有医生，但有时候医生自己也需要接受手术。1961 年，俄罗斯南极科考站驻站医生列昂尼德·罗戈佐夫（Leonid Rogozov）只能在镜子、麻醉约和几名未经手术培训的助手协助下，取出自己的阑尾。

展望未来，手术机器人将变得越来越强大，甚至能开展人类尚未掌握的、精细复杂的手术，例如某些神经外科手术。

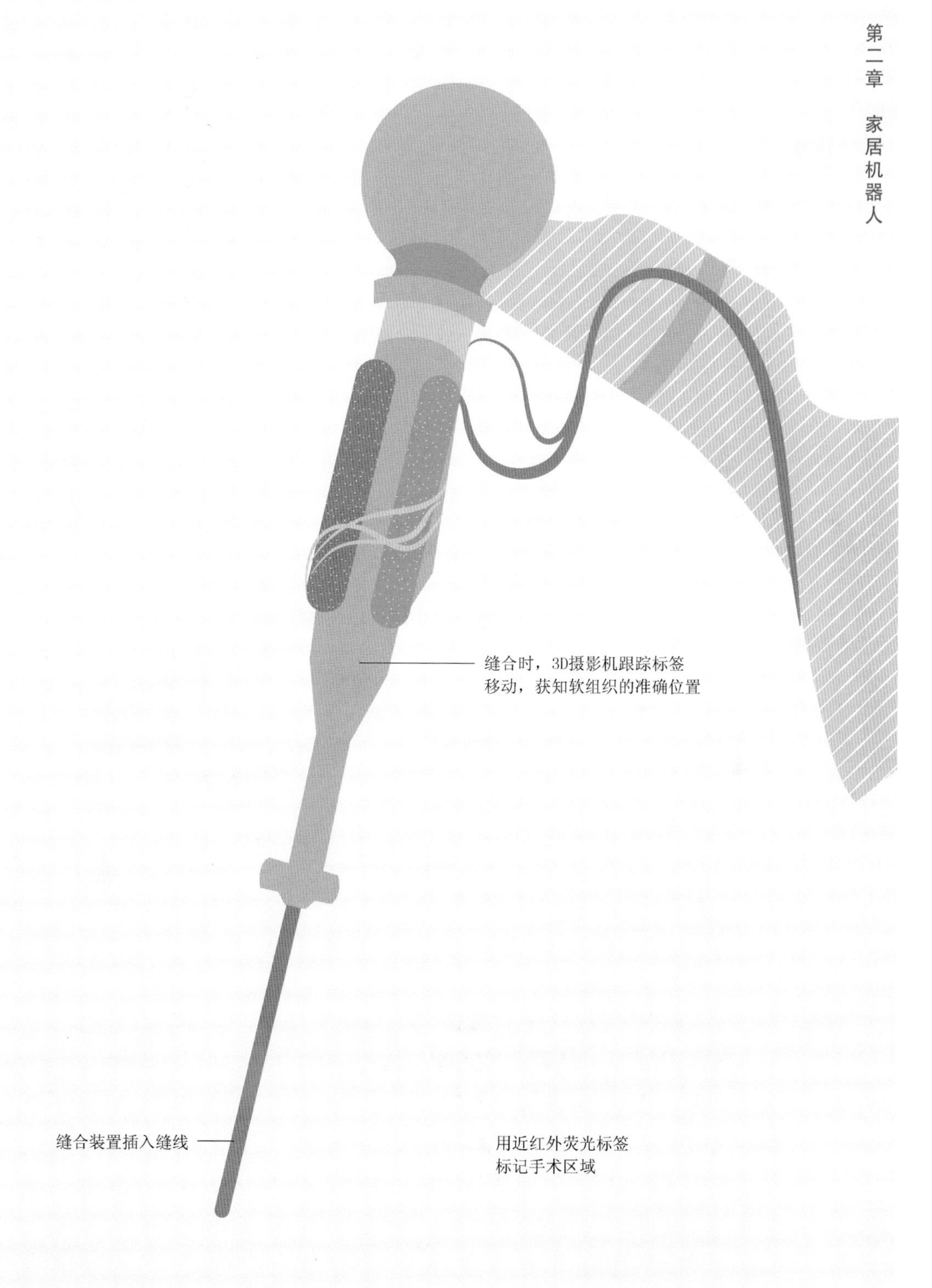
缝合时，3D摄影机跟踪标签
移动，获知软组织的准确位置
缝合装置插入缝线
用近红外荧光标签
标记手术区域

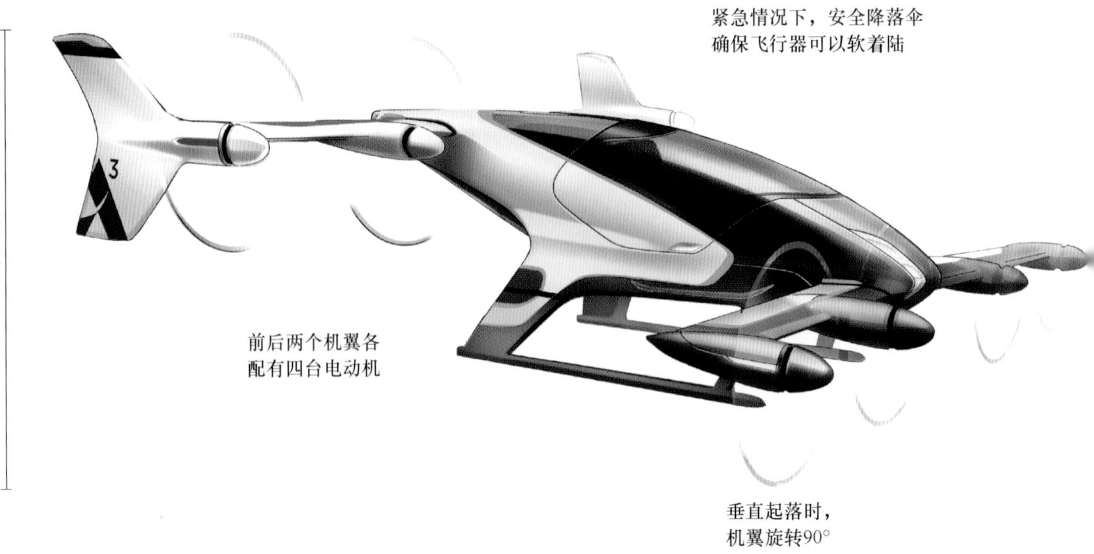
紧急情况下，安全降落伞
确保飞行器可以软着陆
2.8m(9.2ft)
前后两个机翼各
配有四台电动机
垂直起落时，
机翼旋转90°

第十三节 全电动自动飞行出租车 Vahana

高度	约 2. 8m（9. 2ft）
重量	726kg（1，600lb）
年份	2018 年
材料	复合材料
主处理器	商用处理器
动力	电池

许多“飞行汽车”项目都在计划中，与其说它们像汽车，不如说它们更像消费级无人机。配有多个电动机的自动飞行电动车 Vahana 就是其中之一，它的定位是一种空中机器人出租车。Vahana 这个名字即来自梵语单词“承载者”。

一段时间以来，飞行汽车已具备技术可行性，但价格昂贵。阻碍其发展的有两个基本问题：一是很少有人能取得飞行驾照；二是成千上万辆飞行器飞过城市上空，会给空中交通管制带来巨大压力。自动飞行汽车不再依赖人类驾驶员，同时解决了两个问题：你不需要飞行驾照就能搭乘 Vahana；机器人汽车总会遵守交通规则，就像共用同一空域的送货无人机队那样，严格按照既定路线飞行，避开其他飞行汽车。

Vahana 可能听起来很像空中楼阁，但其制造商 A^3 隶属于空中客车（Airbus）公司，空客在航空市场上已有几十年的经验。Vahana 采用电力驱动模式，因而成本低且可靠性高，但缺点是电池可以支持的里程只有典型汽油系统的 1/10 左右。因此，Vahana 的市场定位为短距客运，例如市区与机场之间接驳，而空客仍十分适合长距国际运输。

Vahana 最早的 Alpha 版本已进入飞行测试阶段，可载一名乘客，并以 200km/h（125mile/h）的速度飞行 48km（30mile）；Beta 版本的性能有所提升，不仅增加了载客人数，且能够以 233km/h（145mile/h）的速度飞行 105km（65mile）。安全是重中之重，Vahana 采用了多种安全措施，其中一种是携带降落伞，以备紧急迫降时能够软着陆。

与传统飞行汽车的概念不同，Vahana 不会从车道上起飞。乘客可能先乘坐出租车（例如 Waymo 公司的无人驾驶出租车，见第二章第五节谷歌自动驾驶车 Waymo）抵达最近的直升机停机坪，而调度软件会安排 Vahana 来接。

Vahana 采用倾斜翼的设计，可像直升机一样垂直起飞；两个机翼各配有四台电动机，起飞后即旋转 90°，从而像普通飞机那样水平飞行。雷达、摄影机及其他传感器组成复杂精密的感知避障系统，用于避开其他飞行物。Vahana 与送货无人机面临同样的问题，也就是应用之前必须修改无人自主飞行器的监管政策。

Vahana 项目在商业上是否可行取决于定价，鉴于电力能源的成本低，而且无须人类驾驶员操作，它的价格应该会远低于目前的航空服务。Vahana 制造商表示，未来可能定价为每英里（1.6km）1～2 英镑，与出租车价格持平，而 Vahana 的车速是出租车的 2～4 倍，而且不会因为道路拥堵或施工而造成延误。

如果价格预测得准确，那么 Vahana 的第一批用户就不一定是赶往机场的贵宾了。Vahana 能够在城区飞行，因而可能成为一种受欢迎的廉价通勤方式。Vahana 更实际的应用是作为空中救护车，不仅成本低、噪声小，而且着陆面积小于传统直升机。考虑到这些优点，警务工作也有可能青睐 Vahana。

飞行出租车无疑会给城市居民带来很大的便利，但前提是供大于求，否则运行效率太低。难以想象未来几十年里，准备参加重要会议的乘客在直升机机场排起长队等待飞行出租车，排队一小时才能搭乘五分钟。

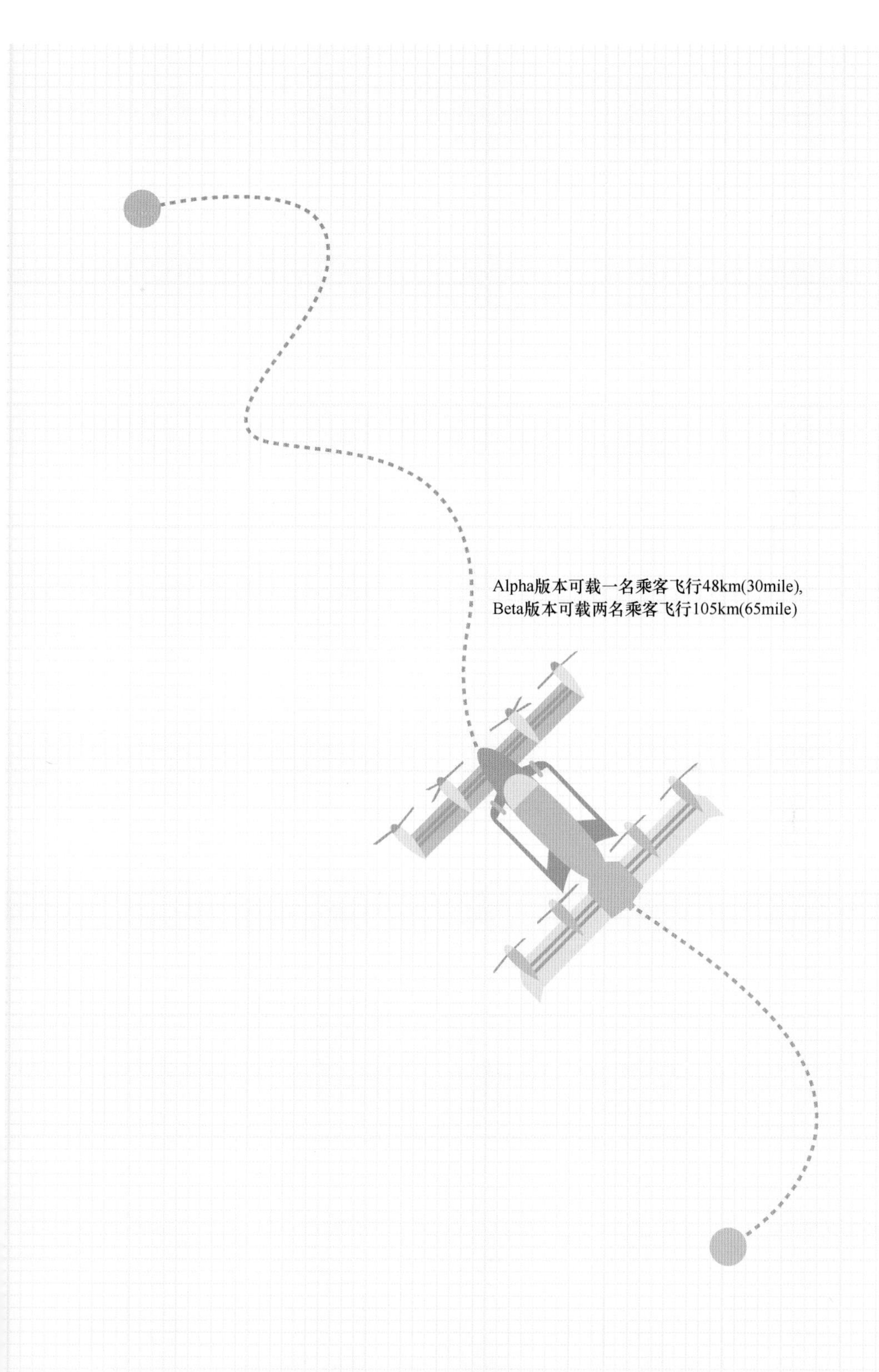
Alpha版本可载一名乘客飞行48km(30mile),
Beta版本可载两名乘客飞行105km(65mile)

第三章
作战机器人

18 世纪的火攻船（fireship）大概是人类历史上第一批军用机器人。火攻船是用于撞毁敌军船只、桥梁及防御工事的无人船。因为引燃导火索要用到机械定时器，所以英国人称其为“机械船只（machine-vessels）”，而意大利人称之为“来自地狱的机器”（maccina infernale）。

19 世纪 90 年代出现了遥控船，但海军对其一直持拒绝态度。用于潜艇追踪的无人驾驶军舰“海猎号”（Sea Hunter）或许能改变他们的想法。同时，机器人潜艇也将迎来新的时代。不同于 20 世纪 50 年代发明的小型短距无人艇，“回声航行者”（Echo Voyager）是大型无人潜航器的原型，能够连续航行数月。

第一架军用无人机可以追溯到 1849 年，奥地利围攻威尼斯期间。奥地利发明家弗朗兹·范·尤夏修斯（Franz von Uchatius，因发明早期电影放映机而闻名）试图用小型热气球向威尼斯城内投放炸弹。他用长铜线传输指令信号，但这一技术并不成熟，因而投弹失败了。

第一次世界大战期间，军用无人机以无线电遥控双翼飞机的形式再次登场。这些“空中鱼雷”携带着炸药，用于摧毁敌军飞艇或地面目标。然而，无论是英军的 Sopwith AT 还是美军的“凯特林飞虫”（Kettering Bug），其可靠性都不足以用于实际作战。

无人机向来不受空军的欢迎，然而 20 世纪 90 年代“捕食者”（Predator）无人机在前南斯拉夫冲突期间收集了大量情报，立下赫赫战功。美国空军终于抵不住情报部门的压力，采购了一批“捕食者”。这些无人机多次发现包括奥萨马·本·拉登（Osama bin Laden）在内的“高价值目标”，但当时后续的空袭调度跟不上，因此军方于 2001 年开始在“捕食者”上装载导弹。

自此以后，“捕食者”被更大更强的“捕食者 B”取代，后者还有一个更出名的代号，即“收割者”（Reaper），又译“死神”。在军事领域中，“收割者”属于轻型侦察机，而正在研发中的 X-47B 则是真正意义上的战斗机。与此同时，小型攻击型无人机在战术行动中的作用也越发突出，如便携式无人机“弹簧刀”（Switchblade）。

遥控地面车辆在第二次世界大战之前就已存在，但多承担特殊任务，如处理炸弹。机器人 PackBot 510 便是个拆弹专家。设计新颖的四足机器人 Minitaur 机动性更高，在城市侦察中很有用。XOS-2 则是一种能增强佩戴者力量及耐力的机器人外骨骼，它将最先用于后勤工作，但终极目标是作为动力装甲，使佩戴者变身为行走的坦克。洛克希德 · 马丁公司的 Covert Robot 同样值得称道，作为秘密行动机器人，它能够潜入敌军内部，无声地执行任务，而不被发现。

现今世界上唯一在役的地面武装机器人是韩国的 SGR-1A 哨兵机器人。20 世纪 30 年代，俄罗斯试验了遥控坦克“teletanks”，目前正在推进部署的一系列地面武装机器人中，包括武器制造商卡拉什尼科夫（Kalashnikov）公司的无人坦克“战友”（Comrade in Arms）。相比之下，美国军方较为谨慎，“粗齿锯”（Ripsaw）这样的武装无人车要真正应用还需很多年。

一些社会活动家在尽力阻止“杀手机器人”的研发。这里的“杀手机器人”不是指“收割者”那样的遥控机器，而是没有人类监督、自主搜寻并攻击目标的机器人。美国军方坚持，机器人行动中一定要保证“人在回路中”，即只有在人类指挥员的操控下，机器人才可动用武器。

就算禁用了自主机器人，军用机器人也在大规模研发中，将来可能全面代替前线士兵。将来战场上大概只有两方指挥官和无人机操作员，以及夹杂在中间的平民。

机械臂上可安装干扰器，在不引爆炸弹的前提下销毁炸弹
装载多台摄影机，包括热像仪和转塔上的变焦摄影机
机械臂可举起20kg(44lb)重物，伸到最长2m(6.5ft)时仍可举起5kg(11lb)物体
高度可延长至2m(6.5ft)
14kg(31lb)
宽度仅50cm(1.5ft)，可轻松通过屋门并在室内活动
脚蹼作为履带的延伸，可跨越崎岖地形、攀上台阶

第一节
拆弹机器人 PackBot

高度	17.8cm（7in）
重量	11kg（24lb）
年份	2002 年
材料	钢
主处理器	专有处理器
动力	锂离子电池

处理炸弹大概是世界上最危险的工作之一，任何一次引爆都可能导致伤亡，而简易爆炸装置（IEDs）更是难以拆除。炸弹处理机器人通过拉大炸药与拆弹者之间的距离，减少人员伤亡。

第一个炸弹处理机器人是 1972 年前英国陆军军官彼得·米勒（Peter Miller）发明的“独轮车”（Wheelbarrow）。当时北爱尔兰汽车爆炸事件频发，“独轮车”就是为解决此类事件而设计的，它是一辆简易的遥控履带车，由一辆独轮车和一台电动机组成。它的具体任务是将挂钩挂在汽车炸弹上，从而将炸弹拖到安全位置。自此以后，炸弹处理机器人变得越来越复杂，加装了摄影机、机械臂和干扰器等配件。

2002 年，iRobot 公司不仅推出扫地机器人 Roomba（见第二章第一节家居清扫机器人 Roomba 966），也推出了炸弹处理机器人 PackBot，这款机器人迅速在阿富汗和伊拉克投入使用。如今，iRobot 已交付了超过 6000 台 PackBot，由于业务量大，所以特别成立了一家独立的公司 Endeavour Robotics®。使用 PackBot 的士兵们对这些机械英雄产生了革命友谊，甚至有一队操作兵拒绝将坏了的机器人以旧换新，要求将它修理好。

拆弹机器人当前的旗舰型号是 PackBot 510，不过不同应用场景，所需的机器人大小也不同。有的体积很小，可以扔进危险建筑物的窗户里；有些庞然大物则用来对付货车炸弹。所有机器人都极其结实，足以应对军事行动中的剧烈冲击和极端环境。PackBot 的开发者发现，这些机器必须从设计之初就充分考虑环境的可靠性，如果设计结束后再补充加固措施，就毫无用处了。毕竟为了抵达炸弹所在位置，机器人可能要爬过路沿、台阶，穿过碎石。

将它命名为 PackBot 是因为它真的能被打包（packable）。它仅重 11kg（24lb），一个人就能携带，2min 就能设置好。移动式“脚蹼”作为履带的延伸，可跨越崎岖地形、攀上台阶。别看 PackBot 体积小，它还能蹚过溪流和池塘，甚至能在 1m（3.2ft）深的水下作业。PackBot 的宽度仅 50cm（20in），能够轻松地通过屋门并在室内活动。

PackBot 采用无线电控制模式，配有多个传感器，可为操作者提供最佳视野。传感器包括用于感知驾驶环境的多个高分辨率摄影机、转塔上的单个变焦摄影机以及热像仪。PackBot 还配有可见光和红外光灯，以及送话器。

八个承载区域可装载各类可选配件，例如一种称为“操纵器”的机械臂，上面装有摄影机和抓取装置，能够抓取并移动物体。机械臂展开至最长 2m（6.5ft）的时候，还能举起 5kg（11lb）的物体。最常见的可选工具是“干扰器”，即一种小型定向爆炸装置，它能在不引爆炸弹的情况下销毁炸弹。

机器人还配有电缆剪。现实生活中，拆弹可不只“找到红色导线并剪断”那么简单，不过许多炸弹的确通过一根通信导线引爆，剪断这根导线往往是消除危险最简单的办法。除此之外，PackBot 外壳上还装有探针，能够搜寻并挖出掩埋的物体，毕竟许多简易爆炸装置都埋在泥土或沙地里。

PackBot 最初设计为完全由人遥控，一点儿都不智能，而现在它变得越来越智能了。最新型号的 PackBot 在倾倒后，可用机械臂自行回正；一旦失去无线电通信信号，它将沿原路径撤回，直到操作者恢复控制。未来的机器人将能够自行探索一幢大楼，可以说是军事版的扫地机器人 Roomba。

未来警方和消防部门也会应用 PackBot——不是为了拆弹，而是为了处理化学品、放射性物质等其他潜在危险品。有一点可以确定：PackBot 每执行一次任务，都在保护一个生命远离伤害。

PackBot的摄影机模组

多个高分辨率摄影机拍摄实时图像及视频

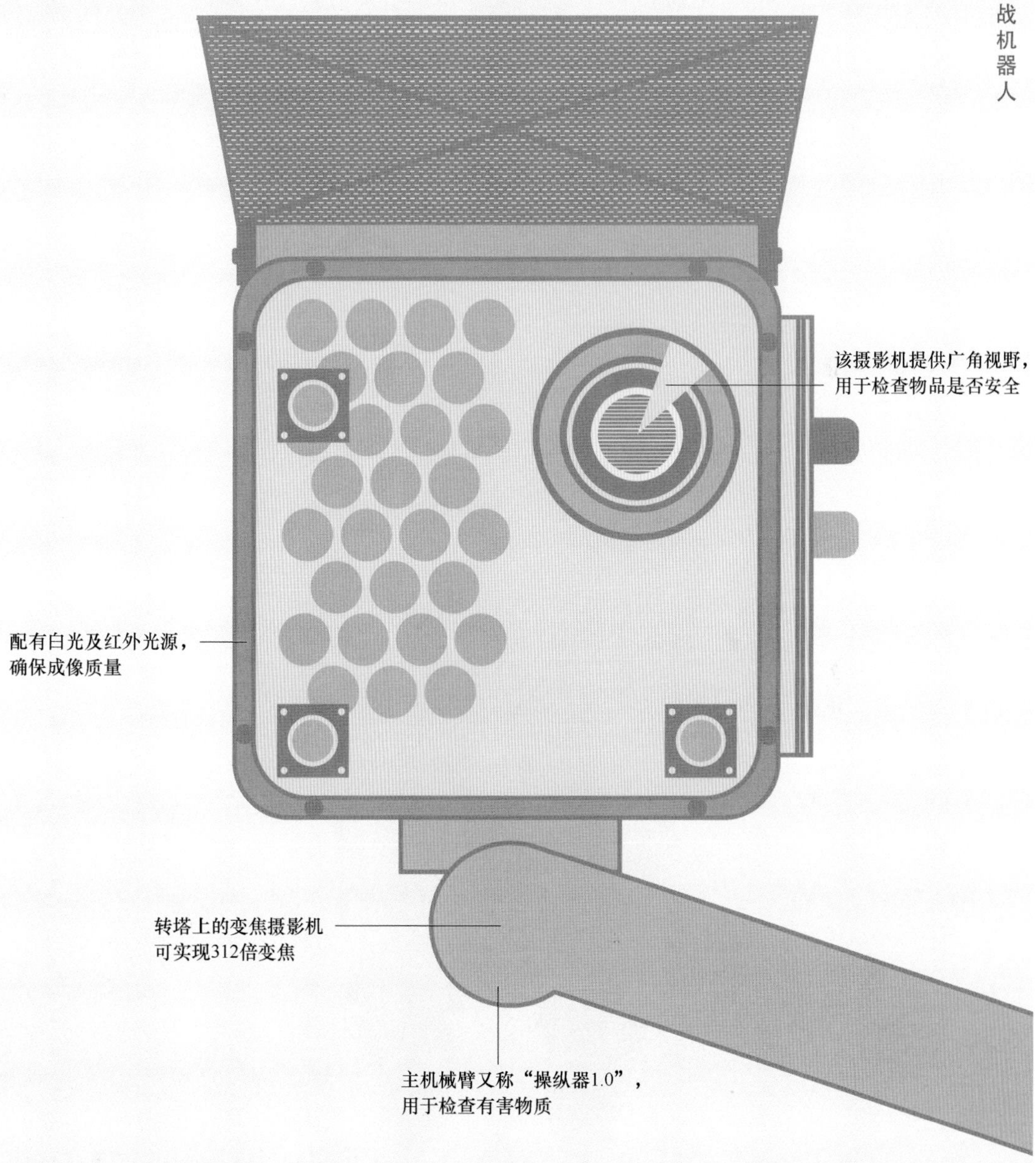

该摄影机提供广角视野，
用于检查物品是否安全

配有白光及红外光源，
确保成像质量

转塔上的变焦摄影机
可实现312倍变焦

主机械臂又称“操纵器1.0”，
用于检查有害物质

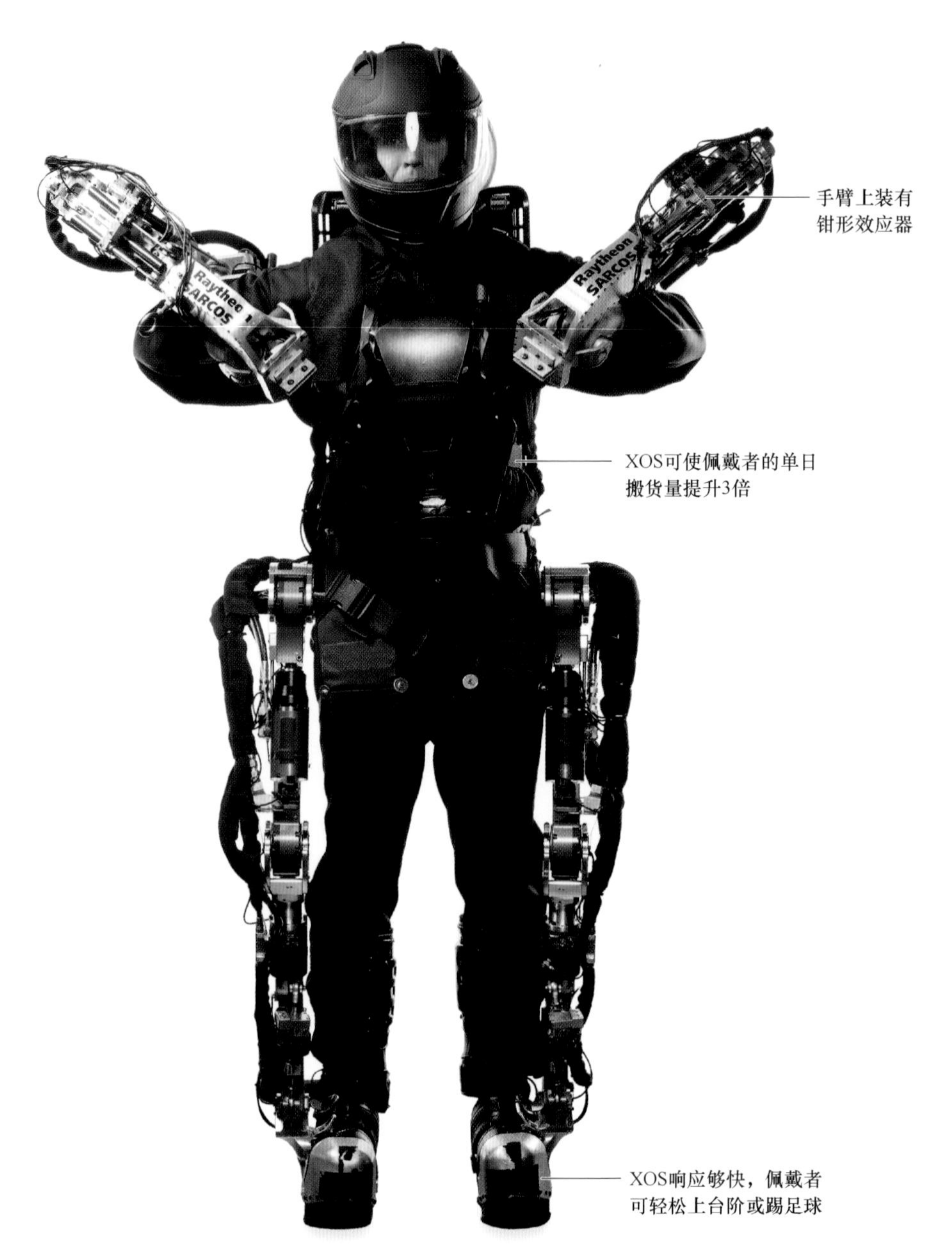
手臂上装有
钳形效应器
XOS可使佩戴者的单日
搬货量提升3倍
XOS响应够快，佩戴者
可轻松上台阶或踢足球
高度取决于佩戴者
Raytheon
SARCOS

95kg(209lb)

第二节
军用外骨骼 XOS-2

高度	2m（6.6ft）
重量	95kg（209lb）
年份	2010 年
材料	钢
主处理器	未公布
动力	外接电源

自从 1959 年科幻文学“院长”罗伯特·海因莱因（Robert Heinlein）写出《星河战队》（*Starship Troopers*），动力外骨骼便成为军方的一个科幻梦。外骨骼实际上是一种外形像服装的可穿戴机器人，在电影《异形》（*Alien*）中，西格妮·韦弗（Sigourney Weaver）饰演的角色就用到了一种叫“动力加载器”的外骨骼，而漫威英雄中钢铁侠的装备则更加先进。穿上外骨骼，普通人就能变身为力大无穷、翻墙如履平地的超级英雄。

美国军工机器人公司 Sarcos Robotics™ 开发的 XOS-2（eXOSkeleton 的缩写）是现实世界中最先进的外骨骼机器人。该公司于 2000 年开发了原型 XOS，称作“可穿戴能量自主机器人”（WEAR）。2010 年亮相的 XOS-2 专为军方的物流任务而设计，即装卸弹药等物资。时至今日，物资装卸工作仍以人工作业为主，一个士兵每天需要徒手装卸 7000kg（15 430lb）物资，而 XOS 能够轻松地完成士兵 3 倍的工作量，以一顶三。

XOS-2 重达 95kg（209lb），配有精心设计的液压系统，让佩戴者可以轻松举起 90kg（198lb）重物——佩戴者只要施加举起 1kg（2.2lb）物体的力量，就能举起17kg（37lb）的重物。力量的增强还意味着耐力的提升，佩戴者搬运重物一整天也不会感到疲劳。设计中没有机械手臂，而是用被称为“效应器”的机械钳来抓取物体。XOS-2尽管自身很重，但能增强佩戴者的腿部力量，行走、跑动、单腿站都不成问题。外骨骼每个关节都配有多个传感器，以确保机器人能快速响应，让佩戴者能够轻松地上台阶、踢足球，绊倒时还可以迅速地恢复平衡。

XOS-2并非完全独立移动的，它以内燃机为内置电源，燃料仅可支持半小时；同时还需要外部液压动力源和一根柔性电缆，为其强大的液压系统供压。XOS-2的直觉化操作方式最让人印象深刻。佩戴者只需几小时便能掌握外骨骼的使用窍门，而要学会驾驶叉车至少要3~5天。

XOS-2自2010年成功展示之后就被束之高阁了。Sarcos公司目前正在开发一种更加复杂的外骨骼Guardian XO，其具体参数尚未公布，不过最重要的改进是完全自主供电，电池电源可支撑6~8小时。Sarcos公司CEO本·沃尔夫（Ben Wolff）称关键性改进并不是采用了更好的电池，而是提升了外骨骼的整体能效。XO耗能仅为XOS-2的1/10，使得电池独立供电成为可能。沃尔夫还表示，就像列奥纳多·达·芬奇通过模仿人体而设计出人形机器人一样，Sarcos公司许多高效的解决方案也都师从自然。该公司过去的主营业务是制造假肢，所以它在生物力学领域积累了许多核心技术。

Guardian XO将于2019年推出，它比叉车或起重机要小巧得多，作业时所占面积也小得多，由此有望成为高效的装卸机器人。一座起重机占据的地盘，现在可以轻松地容纳多位XO佩戴者一同工作。不仅如此，使用外骨骼也比操作叉车更简便、更安全。沃尔夫认为，XO在制造、建筑、物流、仓储和造船等领域都具备很强的竞争力。

Guardian XO充分满足了军方装卸弹药的需求，而这一技术也可能成为未来动力装甲的基础。不过，动力装甲会不会出现得太晚？毕竟战斗机器人的研发工作进展也很迅猛，也许钢铁侠动力服刚一研发出来就被淘汰了呢。

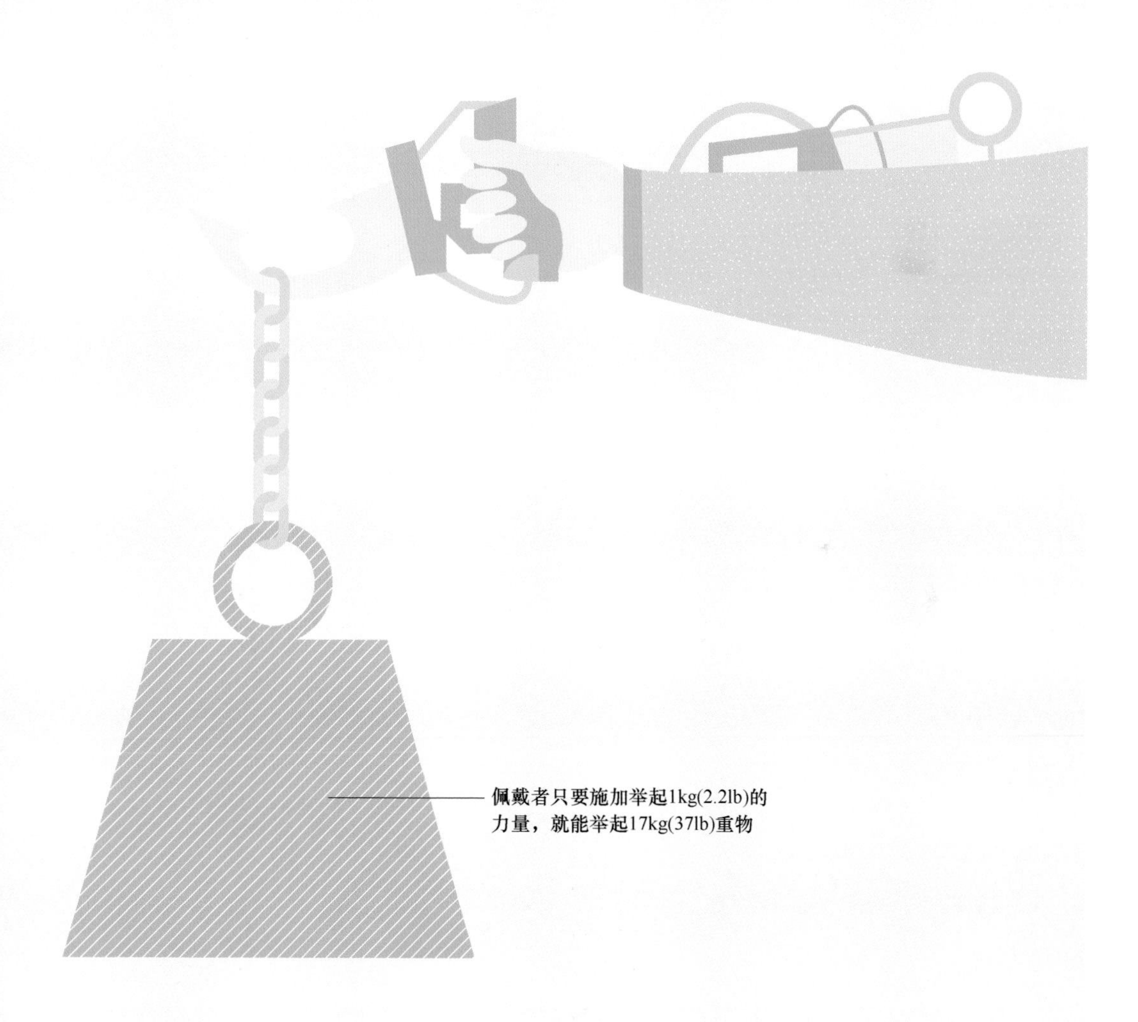
佩戴者只要施加举起1kg(2.2lb)的
力量，就能举起17kg(37lb)重物

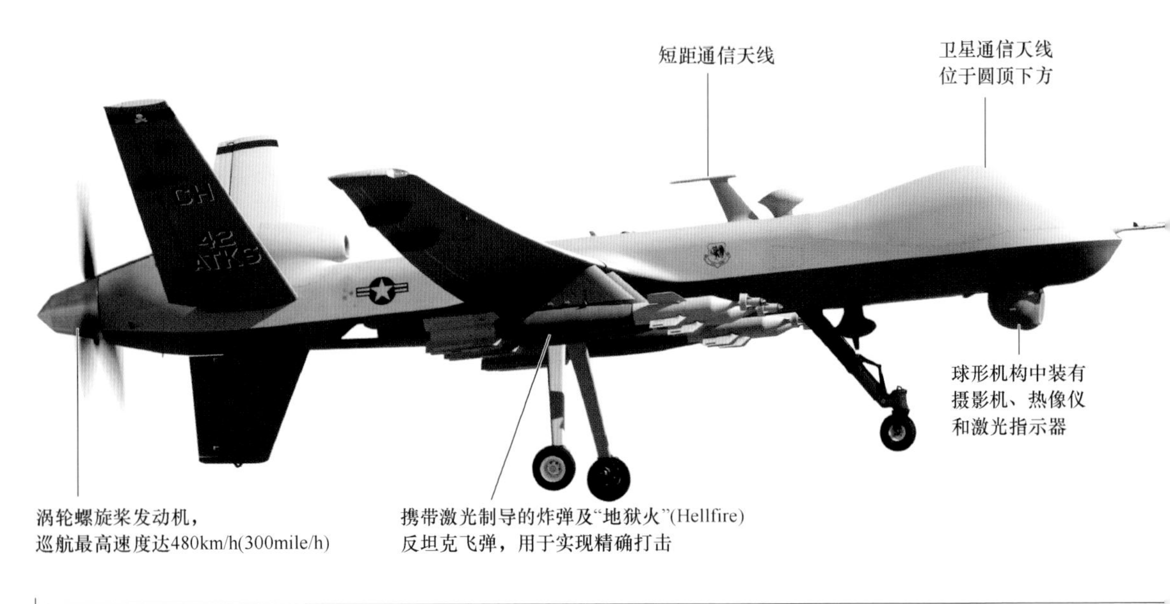

短距通信天线
卫星通信天线
位于圆顶下方
CH
42
ATKS
球形机构中装有
摄影机、热像仪
和激光指示器
涡轮螺旋桨发动机，
巡航最高速度达480km/h(300mile/h)
携带激光制导的炸弹及“地狱火”(Hellfire)
反坦克飞弹，用于实现精确打击
11m(36ft)

第三节 无人侦察机“收割者”

高度	3. 81m（12. 5ft）
重量	4. 76mt（5. 25t）
年份	2002 年
材料	轻量复合材料
主处理器	专有处理器
动力	TPE331-10 涡桨发动机，功率 671kW（900 马力）

通用原子（General Atomics）公司开发的“收割者”（MQ-9 Reaper）处于无人机战争的最前沿，美军和英军都用此款无人机打击全球范围的叛乱及恐怖分子。

在军事航空领域，“收割者”好像并不出色：翼展 20m（65. 6ft），比洛克希德·马丁公司最新的载人喷气式战斗机 F-35 宽一倍，而起飞重量仅是其 1/6。F-35 的最高速度可达 1930km/h（1200mile/h），“收割者”的最高时速仅为 480km/h（300mile/h），也不具备 F-35 在近距离空战中的灵活性。“收割者”不会在飞行表演中耍特技，而且很容易被雷达制导的空中防御系统发现。其实，“收割者”真正的优势也正在于它重量轻、翼展宽阔，因而飞行持久性高。它像滑翔机一样，能够轻松保持连续 27h 的高空飞行，适合长时间、高精度的侦查任务，是一双不会懈怠的天眼。

“收割者”的原型是通用原子公司早期开发的“捕食者”（Predator）。“收割者”作为遥控而非自主飞行的无人机，通常从距离任务地点几百英里外的空军基地起飞，起飞过程由地面操作员控制。“收割者”内置卫星通信天线，因而在全球任意位置起飞后，都可以将控制权交给遥控站，例如美国内华达州的克里奇空军基地。无人机由两名机组人员遥控，飞行员负责飞行控制，载荷操作员负责操作传感器和武器。机组人员每隔几小时换班，因而执行一次任务需要多名人员。

“收割者”通常在海拔3000m（10000ft）的高空盘旋——这个高度既不容易被地面发现，又能够清晰地观察到地面。

机载传感器装在一个球形装置中，该装置可以旋转到任意角度，从而确保在机身转向时，跟踪目标仍处于视野范围内。无人机上装有热像仪和200倍变焦的可见光摄影机，相当于35mm摄影机上装有焦距12000mm（39.4ft）的长焦镜头。有人称，“收割者”在正常飞行高度上能够清楚地拍摄并识别出车牌号。“收割者”能够跟踪地面车辆和人员，观察建筑或村落中来往人员的一切行踪，从而分析出其行为模式。机上还载有雷达和其他传感器，用于检测、定位并窃听地面无线电信号，包括窃听手机。此外，如果当地间谍已将无线电跟踪器植入目标人物的车或房屋中，“收割者”还可以根据无线电信号指挥袭击。

“收割者”携带了225kg（500lb）炸弹和“地狱火”（Hellfire）反坦克导弹，均由激光制导。用于装载传感器的球形装置中还装有激光指示器，可以指向目标，引导导弹袭击。“收割者”的“超级涟漪”发射模式是指14枚“地狱火”导弹连续发射，每两枚的发射间隔仅1/3s。这些高精度制导的导弹给操作者带来两个问题：一是操作者必须十分确定其打击目标，防止误识别、误操作；二是“地狱火”的10kg（22lb）高爆弹头不仅会导致目标伤亡，还可能伤及所有邻近人员。

“收割者”这样的无人机为情报机构提供了新的选择。有的地区对载人飞机而言太危险或者太有争议，就可以派遣无人机。一方面，不会有飞行员伤亡；另一方面，就算无人机坠落了，也无法确认其所属国家。这意味着情报机构不用冒太多政治风险，就可以进入以往难以进入的区域，跟踪、定位并打击恐怖组织。

“收割者”这样的无人机不用于常规战，而是开启了一种新模式。它们擅长高效地跟踪、打击恐怖分子，令其无处躲藏。然而，无人机作战也可能造成平民伤亡，并且造成伤亡时难以追责到确切的国家，这让很多人对无人机的军事应用仍有疑虑。

无人机从空军基地起飞期间由地面操作员控制，通过短距天线通信。起飞后，控制权转至美国内华达州的遥控站，通过卫星天线通信

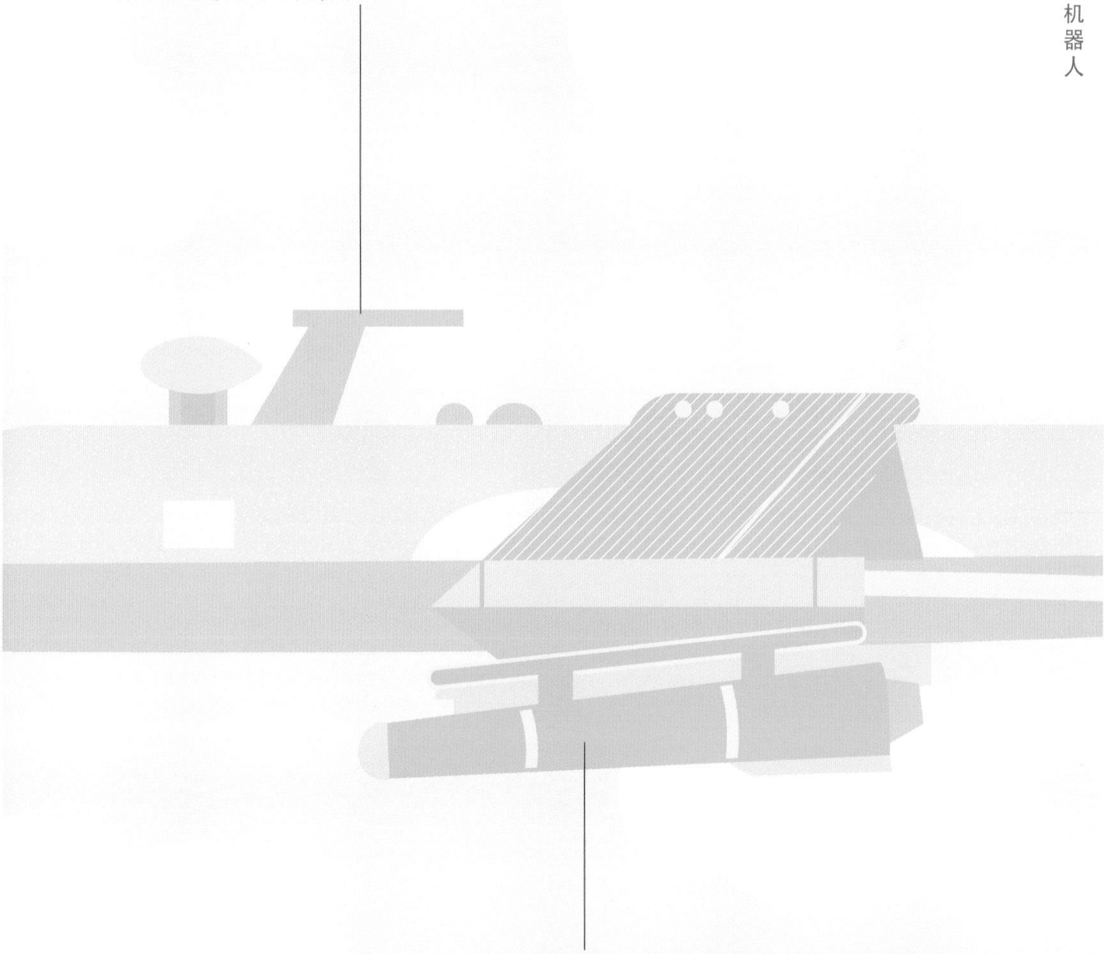

“地狱火”飞弹是“捕食者”无人机空袭时采用的招牌武器，其射程为8km(5mile)，命中精度为1m(3.3ft)，且以高亚音速飞行，袭击前目标通常还来不及收到警告

哨兵机器人能检测到投降手势

第四节
哨兵机器人 SGR-A1

高度	1.2m（3.9ft）
重量	117kg（258lb）
年份	2006 年
材料	钢
主处理器	保密
动力	外接市电

“弹簧枪”在火枪出现的早期便已存在，最简单的形式是装有武器的陷阱，通常采用霰弹枪，扳机连着陷阱的绊线，起到放哨的作用。

简单的弹簧枪不过是连着绊线的武器，而复杂的弹簧枪可以连多根绊线，触发后朝着入侵者的方向射击，这种设计更接近现代机器人。18—19 世纪，弹簧枪在墓地得到广泛的应用，用来防止盗墓者偷窃尸体，所以又被称作公墓枪。公墓枪有两个功能：一是朝着盗墓者射击；二是提醒守墓者有人入侵。死者家属按周租用公墓枪，确保已故亲人的尸体不被无耻之徒盗走、用于医学研究，直到尸体不再具有医学价值为止。

韩华技佳公司（Hanwha Techwin）开发的全自动哨兵机器人 SGR-A1 是现代版的弹簧枪，于 2006 年首次投入使用，它能够 24h 不间断工作。该机器人用于朝韩非军事区（DMZ）的边防工作。这段 257km（160mile）的国境线是世界上防守最严的地区之一，韩国军队设置了 5000 个岗哨，每个岗哨配两名卫兵，每两小时换班一次，也就意味着守卫这段边境至少需要两万名士兵，而实际上多达四万名。这四万兵力约占韩国军队总人数的 1/10，可见边防自动化的影响多么巨大。

边境线上已经装有大量传感器和监视系统，而 SRG-A1 是一个探测并跟踪目标的炮塔。炮塔上装有三台低光摄影机和一台热成像仪，并配有探测、跟踪移动物体（人员及车辆）的软件。开发者称，SRG-A1 对目标人员的跟踪距离白天可达 4km（2.5mile），夜晚也可达到 2km（1.25mile）。

一旦有人进入管制地区，SGR-A1 便会发起质问，要求此人亮明身份，报出正确密码或举起双手。机器人的语音识别系统能够对正确的密码做出响应，手势识别系统能够检测“双手举起”的动作。如果来人既没有报出正确密码又没有举起双手，机器人就会开火。

SGR-A1 采用“武力升级”策略，即先进行一次非致命射击，如果目标没有投降，则开始致命攻击。机器人配有 5.56mm（0.22in）的 K4 机枪和 40mm（1.57in）榴弹发射器，后者可以发射橡皮子弹及其他非致命的“动能弹”。此类射击的射程仅几十米，鉴于入侵者已位于能够说出密码的距离，这个射程足够了。

据称，韩国军方最初计划斥资 10 亿美元采购 1000 台 SGR-A1。但 2008 年为期一年的试点项目效果不佳，人们质疑机器人能否胜任工作。经过重新研发，直到 2014 年，SGR-A1 才达到了验收标准并投入使用。实际在用机器人数量未知，相关方出于安全考虑，拒绝透露细节。

SGR-A1 颇受争议。制造商称 SGR-A1 有两种工作模式：一是“人在回路”（man-in-the-loop），即人类操作员负责扣动扳机；二是“人控回路”（man-on-the-loop），即人类操作员只负责开启机器人，而后机器人自主工作。第二种模式意味着 SGR-A1 更像是“杀手机器人”。

非军事区（DMZ）中遍布地雷，可能造成人员伤亡，因为地雷无须人为操作就能爆炸，SGR-A1 的问题与此类似，且争议更多。这可能是因为，尽管 SGR-A1 现在被安置在固定位置，但它毕竟是杀伤性自主系统，难保以后不会演变成移动的。地雷区不会移动，而大批移动式杀伤性机器人自主跟踪并瞄准人类射击，这个场景想想都令人不寒而栗。

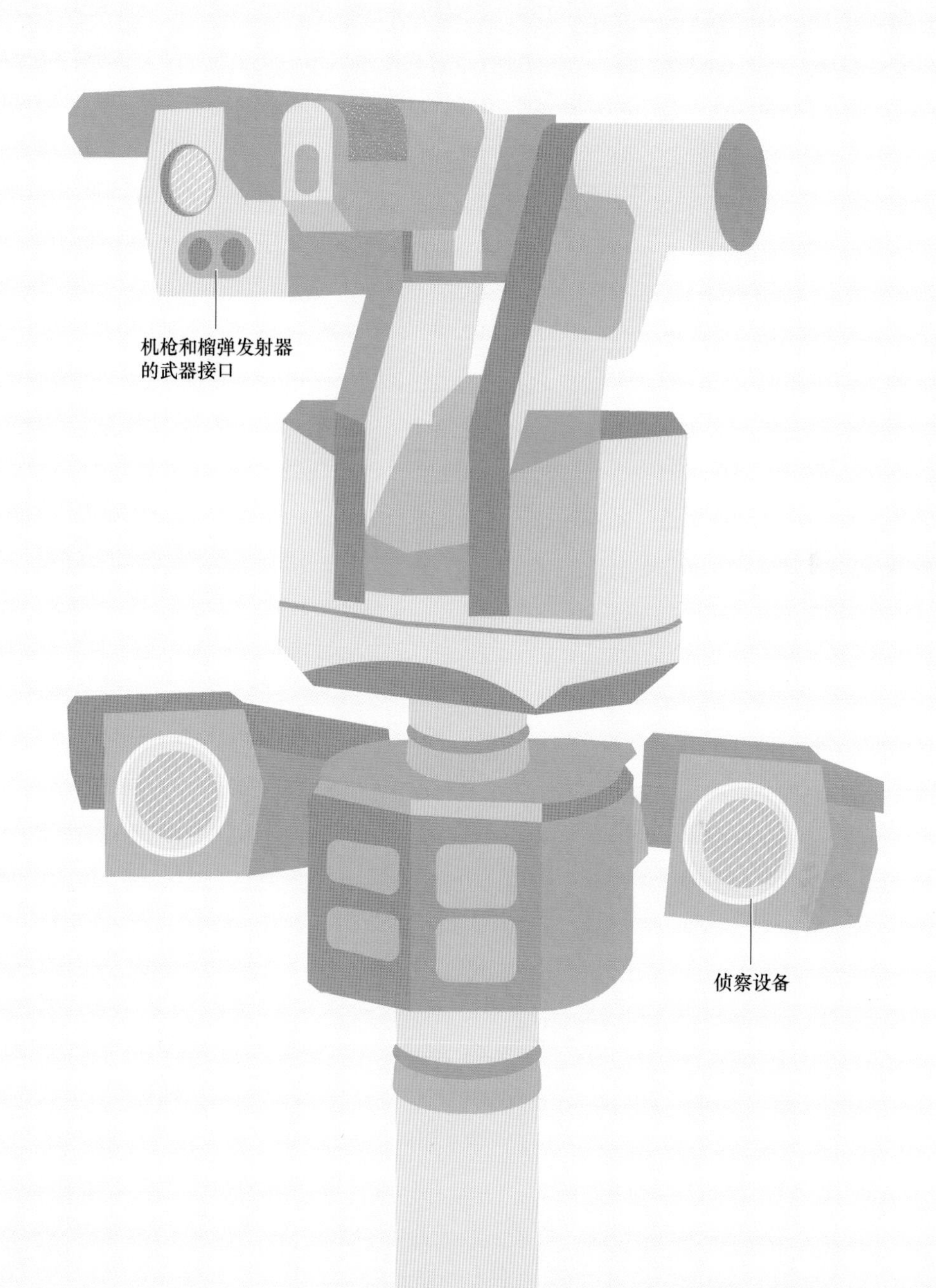
机枪和榴弹发射器
的武器接口
侦察设备

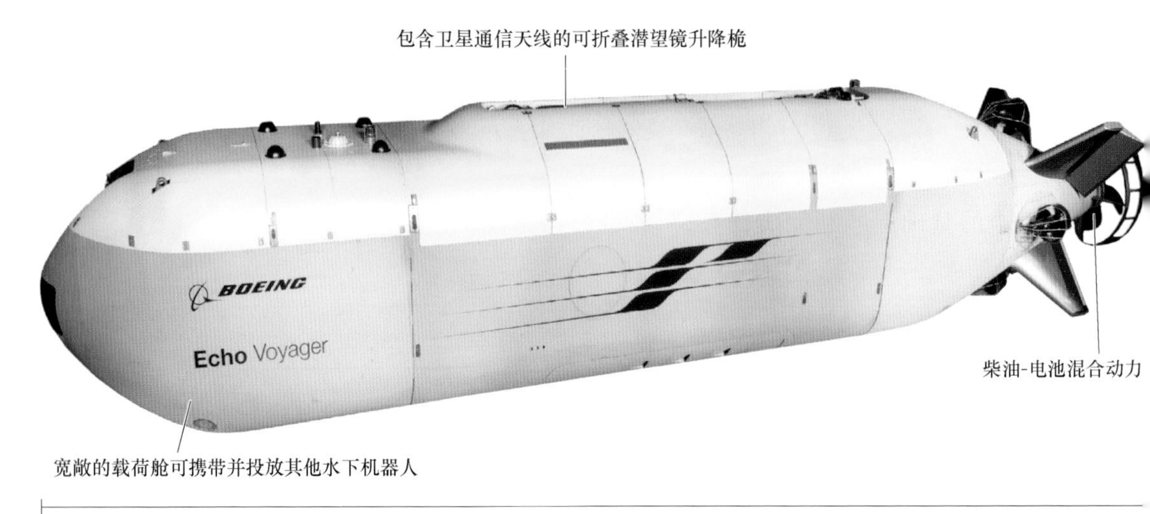
包含卫星通信天线的可折叠潜望镜升降桅
BOEING
Echo Voyager
柴油-电池混合动力
宽敞的载荷舱可携带并投放其他水下机器人
15m(49.2ft)

第五节
超大型无人潜航器 Echo Voyager

高度	15m（49.2ft）
重量	31mt（34t）
年份	2016 年
材料	钢
主处理器	保密
动力	电池及柴油

在潜艇上工作对士兵的体质和心理素质要求很高，尤其在战争时期，普通士兵很难扛下来。毕竟，在水下比在陆上更容易出现死亡事故，而且长期处于封闭空间会严重影响人的心理健康。从历史上看，潜艇艇员的伤亡比率的确很高。如此非自然环境下的作业，为什么不让它自动运行呢？

无人潜艇的历史可以追溯到 1957 年，华盛顿大学开发了自航式水下考察运载器（SPURV）。SPURV 长 3m（9.8ft），可以下潜至 3000m（9840ft），远远超过大多数载人潜艇的潜航深度。从那时起，这类无人潜航器普遍用于科学考察以及商用石油钻井平台和输油管道检查，并协助沉船复原和寻找失事船只。鉴于只有甚低频（VLF）无线电波才能穿透海水，无人潜航器（UUV）采用栓链或声呐传输控制信息，也就意味着潜航器必须位于其控制船附近。

除了水下滑翔机（见第四章第八节飞行水下滑翔机）这样的特例，无人潜航器通常是自主化程度有限的小型船只，需要由水面舰船进行投放和回收。波音（Boeing）公司正尝试打破常规，开发一款长 15m（49.2ft）的无人潜艇，命名为“回声航海家”（Echo Voyager）。该潜艇在没有人力投入的情况下可连续执行任务 6 个月，且无须支援船。潜艇的运营成本主要来自支援船，因而像“回声航海家”这样自主运转的机器人潜艇能大幅降低成本、引发业界地震。例如，发生原油泄漏事故后，机器人潜艇可以持续在水下作业、跟踪报告浮油扩散情况，而不用每天返回到载人水面舰船处补给物资。

“回声航海家”采用电池-柴油混合动力系统，在水下时由电池供电，浮到水面时由柴油机给电池充电。

“回声航海家”面临的挑战之一是自主控制。机器人潜艇可能迷失航向，或者在碰撞航向上探测到另一艘潜艇。遇到此类紧急情况时，机器人潜艇要能做出决策。“潜艇遇到问题时要能够理解场景，基于规则做出决策并采取行动，在保证安全的基础上顺利完成任务，”波音公司鬼怪工厂（Phantom Works）海陆部门总监兰斯·陶尔斯（Lance Towers）如是说。

“回声航海家”的续航里程达 1.1 万 km（7000mile），这意味着系统的可靠性必须远高于其他无人潜航器。船上的关键系统采用冗余设计，在用系统失效了，备份系统会立刻接管控制，以确保潜艇能够返回港口维修。还有设计巧妙的可折叠式潜望镜升降桅，可以伸出水面，与卫星通信。

“回声航海家”的一个关键优势是空间大。它比多数无人潜航器大好几倍，宽敞的载荷舱意味着作业更加灵活。无人潜航器通常只装载单一任务需要的设备，例如海床测绘设备，而“回声航海家”能够同时装载一系列任务所需的设备，还可以作为一组无人潜艇的母舰，在水下投放和回收潜艇。

“回声航海家”并非针对特定任务而设计的，波音公司希望它能像之前开发的 737 客机那样，兼顾民用和军用。水下机器人的潜在军事应用包括定位并拆除水雷、发射无人飞行器、跟踪其他潜艇、侦察，以及美国海军所谓的“载荷部署”（通常指投放传感器，也包括敷设水雷）。民用方面，“回声航海家”可能用于深海科学考察，探寻新的矿藏，以及为生态系统的研究提供前所未有的细节信息。无论军用还是民用，“回声航海家”都将成为无人潜艇的先驱，未来必将出现更先进、更自主的潜艇。

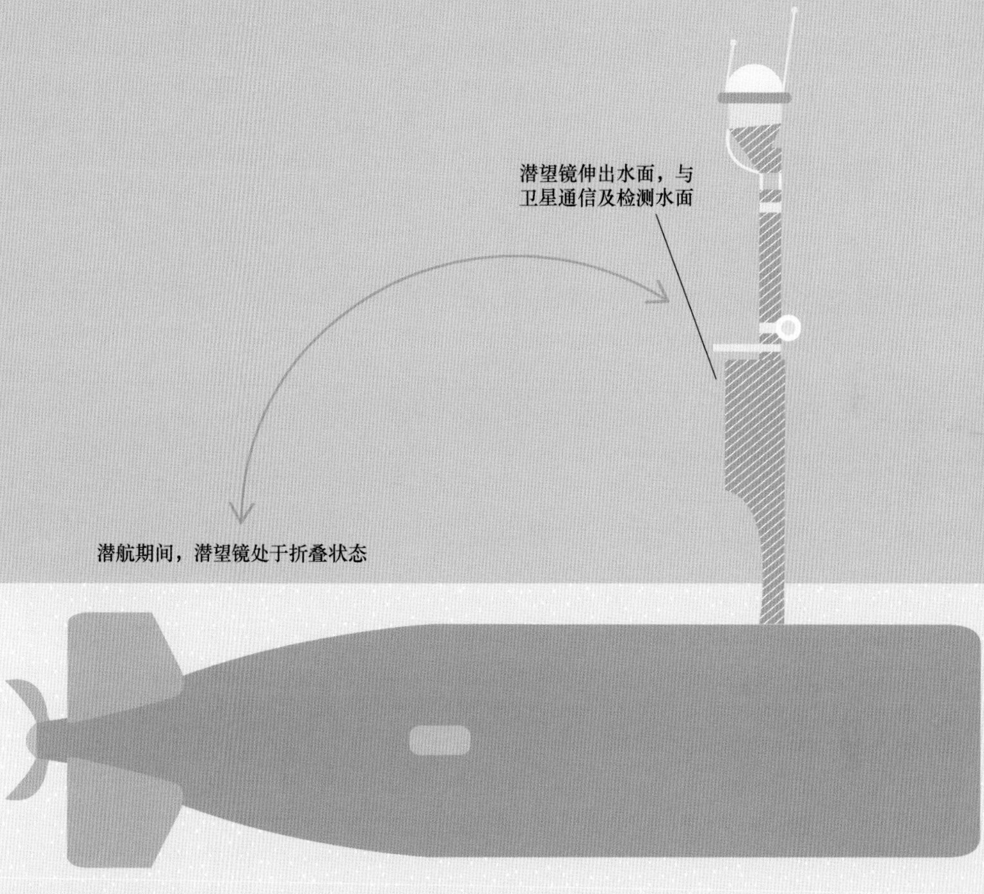

潜望镜伸出水面，与
卫星通信及检测水面

潜航期间，潜望镜处于折叠状态

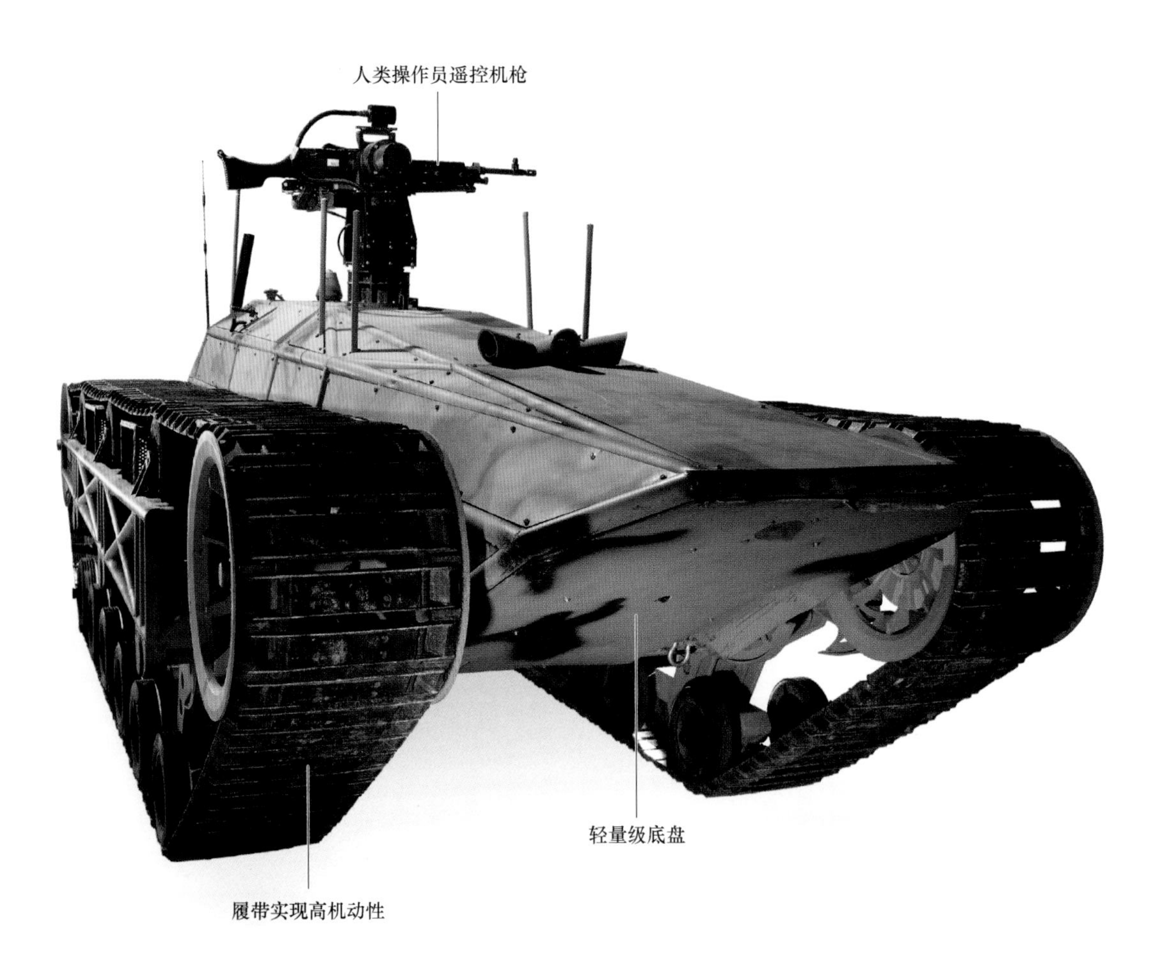
人类操作员遥控机枪
轻量级底盘
履带实现高机动性

第六节 无人武装地面车辆“僚车”

高度	1.78m（5.8ft）
重量	4mt（4.4t）
年份	2000年
材料	铝
主处理器	专有处理器
动力	Duramax 6.6L 柴油发动机，功率750hp（1hp = 745.7W）

2001年，在美国中央情报局（CIA）威胁要自行研发的压力下，美国空军终于接受了无人导弹发射机这一想法。而美国陆军仍对机器人技术保持一向的谨慎态度。一个名为“僚车”（Wingman）的项目旨在建立陆军对无人武装地面车辆的信心，从而换下前线士兵。

武装机器人并不难。20世纪80年代，美国就启动了几个机器人武器项目，包括TMAP（Teleoperated Mobile Anti-Armor Platform）项目，旨在研发能够发射反坦克导弹的遥控车辆，让操作员远离敌军火力。然而到了1987年，美国国会叫停了地面武装机器人的研发工作，认为这些过于乐观的项目是在浪费资金。

20年后，美国的“禽爪利剑”（Talon Swords）机器人在伊拉克部署。这是一种武装版的炸弹处理机器人，有点像配备机枪的巨型PackBot（见第三章第一节拆弹机器人PackBot）。“禽爪利剑”是遥控设备，不会自主开火。然而，考虑到政治而非运营因素，政府还是担心媒体会大肆宣传“杀手机器人”概念，因而“禽爪利剑”最终没有得到应用。自此以后，美国战术武装机器人便停滞在试验阶段了。

美军最新提出的概念是服务于坦克的机器人“僚车”——新版 M1 艾布拉姆斯（Abrams）坦克将配备自动装弹机。先前为主炮装弹的士兵现在将负责监督机器人工作。“僚车”在坦克队列中打头阵，一旦遇到地雷或埋伏，“僚车”会冲锋在前。它还可以侦察疑似敌人的位置，在人类操作员的控制下直接开火。

“僚车”项目借鉴此前已有的开发经验，尤其是豪威科技公司（Howe & Howe Technologies Inc.）开发的“粗齿锯”（Ripsaw）无人车。“粗齿锯”原本是一群爱好者在自家后院车库捣鼓的小项目，2005 年申请参加 DARPA 无人车挑战赛时，被陆军军方看中。

“粗齿锯”的大小与运动型多功能汽车（SUV）相当，重 4t，却具有出色的灵活性。得益于 6L 柴油发动机和沿袭纳斯卡（NASCAR）赛车的轻量级管状底盘，0 ~ 80km/h（0 ~ 50mile/h）加速仅需 5.5s。卓越的加速性能让“粗齿锯”能够轻松地跟上车队，还能越过 1.5m（4.9ft）高的障碍物、爬上 45°陡坡。

美国陆军开发了自动驾驶“粗齿锯”的传感器及软件，命名为“复杂环境下侦查用无人系统的安全操作程序”（Safe Operations of Unmanned systems for Reconnaissance in Complex Environments，SOURCE）。SOURCE 能让机器人车辆以 48km/h（30mile/h）的速度行驶，复杂城市地形中则以 9.6km/h（6mile/h）的速度行驶，并自动避开车辆、行人及动物，它甚至可以识别路牌。在“僚车”项目中，操作员戴上像 VR 头盔一样的头部瞄准式远程观察器（Head-Aimed Remote Viewer，HARV），从机器人的视角观察环境并操控车辆。操作员转头时，车上的摄影机也会同步旋转。

美国陆军还为作战机器人开发了先进遥控/机器人武装系统（Advanced Remote/Robotic Armament System，ARAS），即在现有炮塔上增加多种功能，例如远程清理卡住的枪械等。有了 ARAS，炮塔将发射多种弹药，从传送带提供的多种子弹中进行选择，其中包括标准弹、城区作战用的减程弹以及“非致命”防暴弹。ARAS 能够高精度地射击单发子弹，固定底座使得其射击的稳定性堪比狙击步枪，必要时还能连续开火。

“僚车”项目进展缓慢，预计 2035 年之前都不会投入使用。这样谨慎的进度是为了保证机器人的高可靠性和可控性。然而到了 2035 年，世界战场很可能已经被其他国家的机器人占领了，如俄罗斯卡拉什尼科夫（Kalashnikov）公司制造的无人战车“战友”（Comrade in Arms，见第三章第九节无人战车“战友”）。

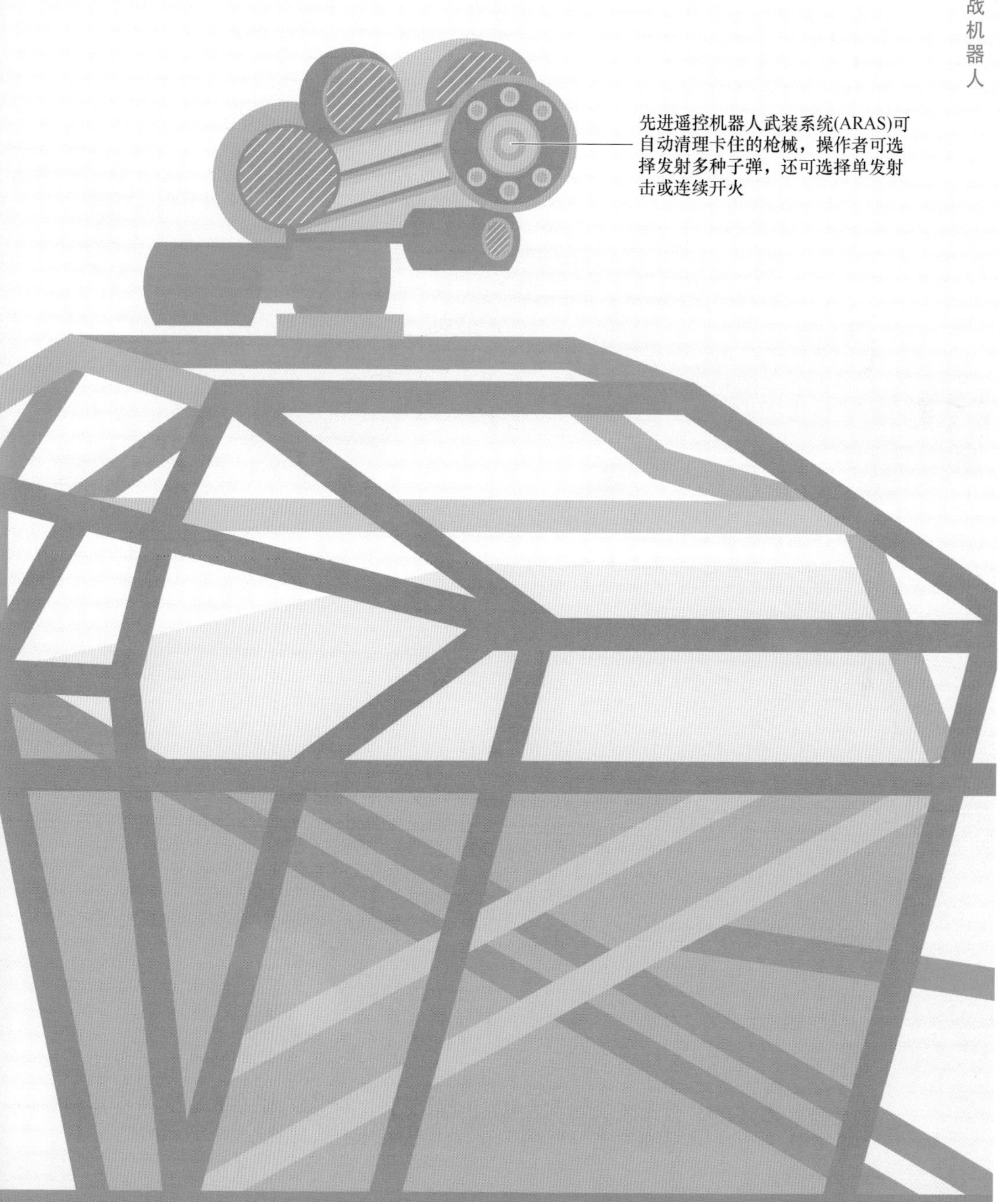
先进遥控机器人武装系统(ARAS)可
自动清理卡住的枪械，操作者可选
择发射多种子弹，还可选择单发射
击或连续开火

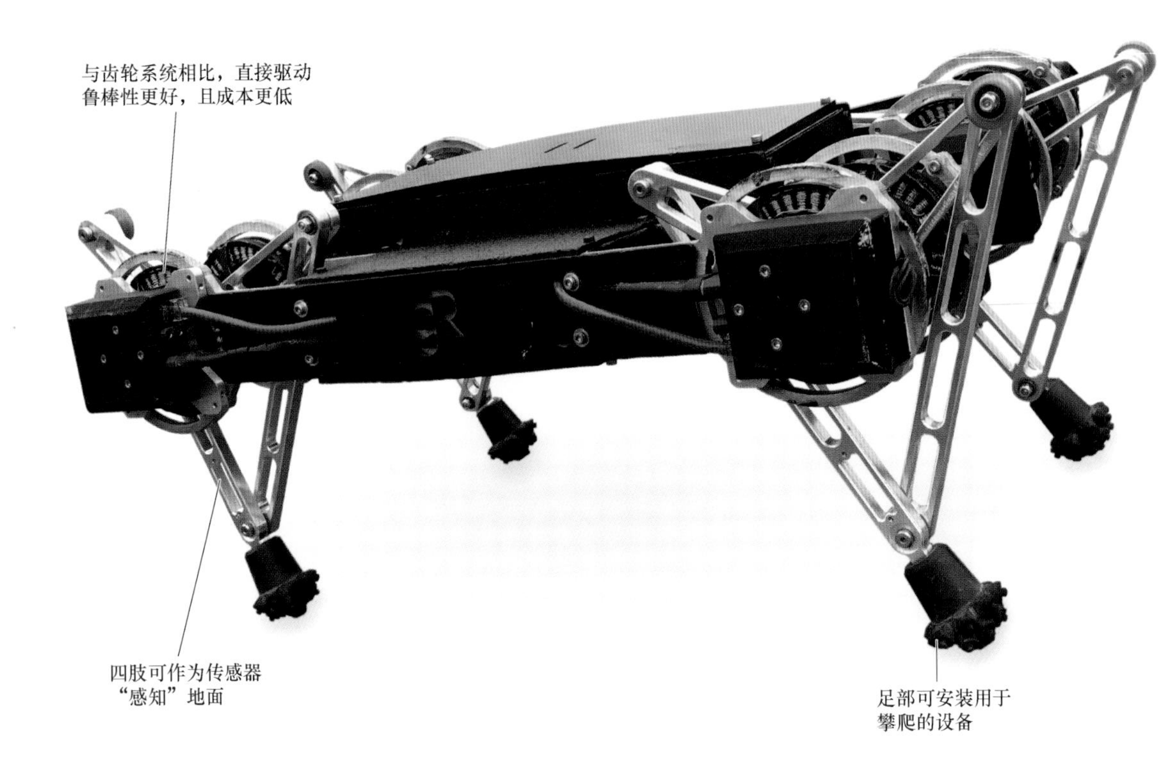
与齿轮系统相比，直接驱动
鲁棒性更好，且成本更低
四肢可作为传感器
“感知”地面
足部可安装用于
攀爬的设备

第七节 四足机器人 Minitaur™

高度	40cm（15.75in）
重量	6kg（13lb）
年份	2015 年
材料	钢
主处理器	NVDIA
动力	电池

PackBot（见第三章第一节拆弹机器人 PackBot）这样的机器人已具备相当的移动性，但还是远比不过同等大小的动物。腿是实现地面移动的顶级形式，有腿机器人应对陡坡、崎岖地形及障碍物的性能甚至超过了履带。一个多世纪以来，研究者一直试图开发移动的步行机器人，如今这份努力终于结出了硕果。

美国波士顿动力（Boston Dynamics）公司开发的“大狗”（BigDog）机器人是美国陆军某项目的展示品。该项目自 2005 年开始，至 2015 年结束，旨在开发运输士兵装备的机器人。作为“世界上最先进的四足机器人”，“大狗”的展示视频十分震撼，在 YouTube 上观看次数已达数百万。然而在美军的装备运输项目中，“大狗”因其先进的液压传动系统噪声太大且成本高昂，最终输给了轮式机器人。

相比之下，Minitaur 是一个和狗差不多大小、实惠又实用的机器人，它在四足跑跳模式下的前进速度可达 8km/h（5mile/h），不仅能穿越轮式机器人和履带机器人都望而却步的碎石地形，还能上台阶、爬铁丝网围栏。其制造商幽灵机器人（Ghost Robotics）公司 CEO 吉连·帕里克（Jiren Parikh）称，Minitaur 还会爬树。

“大狗”这样的机器人用的是液压系统，而 Minitaur 则完全采用电动机控制，结构更简单且成本更低。Minitaur 设计的最主要的特点是直接驱动，没有齿轮组，因而显示出独特的弹性步态。正如幽灵机器人公司的口号“感知世界的机器人”（Robots That Feel the World™），Minitaur 的电动机直接作为传感器，像弹簧-阻尼系统一样响应变化的外力。机器人的四肢实际上是刚性的，而电控系统使其表现得弹性十足。

直驱系统的应用使机器人变得更加矫健，能爬上冰面一类的光滑表面，以及坍塌摇晃的斜坡。当一条腿打滑的时候，电动机会迅速反应，执行补偿动作从而稳定机身。Minitaur 能够匍匐着向前爬行，也能蹑手蹑脚横着走，还能像厨房灶台前兴奋的狗狗一样，沿着垂直表面跳起来够东西。Minitaur 的四肢末端有抓握用的机械手，可以开门、爬篱笆，良好的弹性使其还能跳上台阶、跨过 50cm（20in）宽的沟槽。由于配备了先进的控制系统，机器人可以上半身直立，双足行走约 20 步。开发者还计划让 Minitaur 学一些新把戏，例如装上人工智能（AI）系统，学习攀爬不同类型的障碍物。

最早版本的 Minitaur 是遥控的，而量产版本增加了双目摄影机，实现了高度的自主，可以规划两点之间的行走路线并自主避障。机器人的电池供电时间超过 4h，一次充电可行走约 16km（10mile）。

Minitaur 的第一批重要客户可能来自军队。美国军方已表现出兴趣，可能将其作为炸弹处理及城市侦察的传感器平台。Minitaur 机器人还可以作为先遣部队，在大部队进入建筑物及隧道之前执行外围侦察任务。在商业应用方面，采矿业有安全检测的需求，而农业可能成为最大的应用领域。如今，农民已经采用无人机每日监测农田，评估农作物的健康状况，但无人机只能监测，不能执行除草、采集土壤样本、施肥之类的动作。相比之下，Minitaur 能够成群结队地在田里做常规的农活，并到附近的基站充电。

尽管 Minitaur 还缺乏实际验证，但从设计来看，它具有广阔的应用前景。直驱系统降低了系统重量、成本和复杂度；没有齿轮箱意味着没有易损部件，提升了机器人的鲁棒性。并且，电子系统完全采用商用成品元器件，使得 Minitaur 的成本低于同类型机器人。终于，有足机器人研究者过去一个世纪的愿望可能成为现实：一个实用且价格合理的有足机器人，将引领机器人行业进入全新的发展阶段。

Minitaur的步伐具有弹性，能跳上台阶，跨过50cm(20in)宽的沟槽

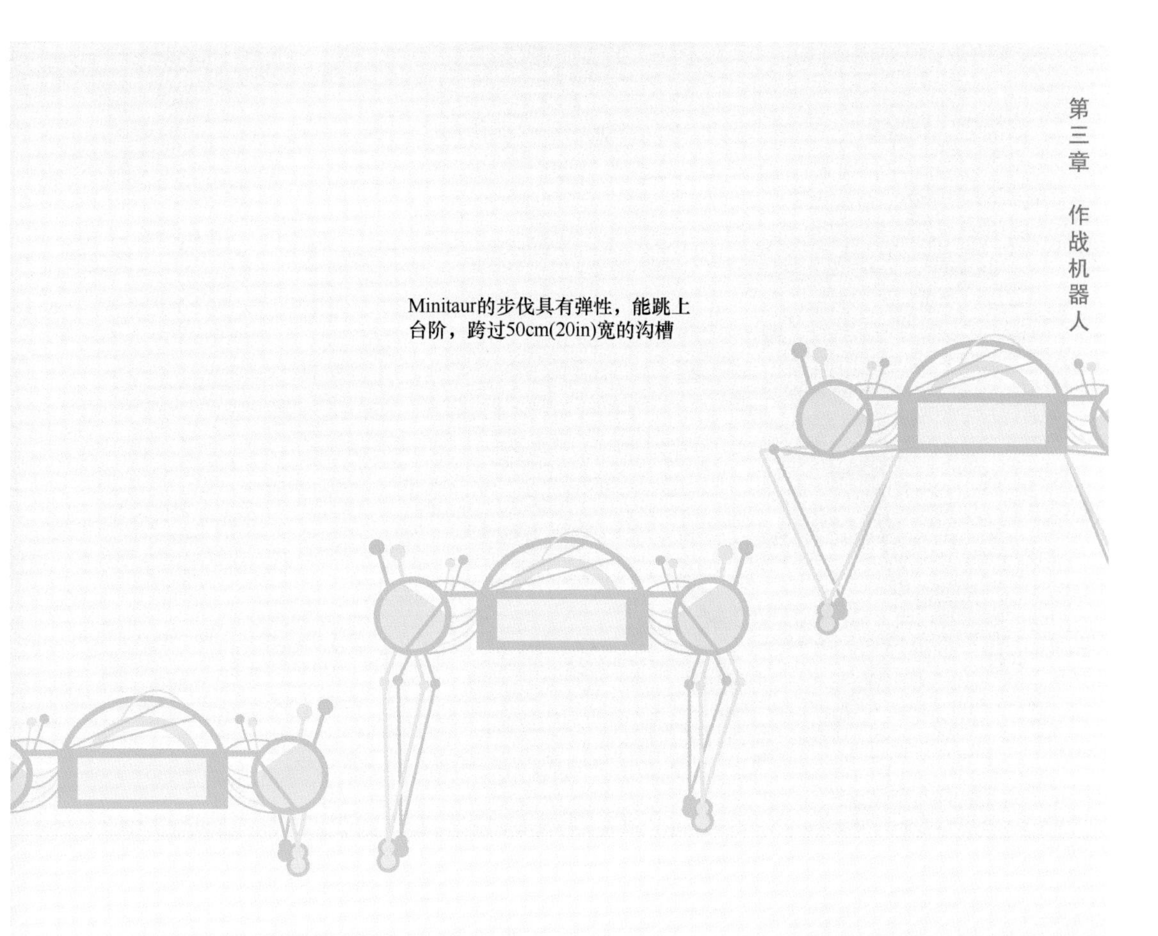

“海猎号”搜寻潜艇的人工智能(AI)系统，是由线上游戏玩家协助开发的

第八节
反潜无人船“海猎号”

高度	40m（131ft）
重量	135mt（149t）
年份	2014 年
材料	复合材料
主处理器	保密
动力	柴油

现代海战中，战舰最大的威胁来自潜艇。潜艇装载着一系列导弹和鱼雷，可以毫无预警地击沉任何船只。航空母舰虽然具备全球范围内的打击能力，但只能在水面舰艇、飞机和友方潜艇组成的屏障掩护下作业，以免遭受水下袭击。

反潜作战中最常用到驱逐舰。驱逐舰上满载主动、被动的声呐及其他传感器，还有大量鱼雷和导弹。典型驱逐舰的长为 150m（500ft），需 300 名船员，购置及运作费用高昂。由于海军只能保有少量驱逐舰，所以搜寻水下潜伏的敌人如大海捞针般困难。

“海猎号”（Sea Hunter）是一款潜艇搜寻机器人船，它无须人力即可完成驱逐舰的工作，成本只是驱逐舰的零头。“海猎号”能够定位世界上最先进、最安静的潜艇，船速和耐力也足以跟踪潜艇的航行。

“海猎号”为三体船，外形像一艘巨型波利尼西亚独木战船，船身纤细，有两根舷外支架增强稳定性。船身由轻质碳复合材料制成，属于 DARPA 的连续跟踪反潜无人船（Anti-Submarine Warfare Continuous Trail Unmanned Vessel，ACTUV）项目。由于无须载人，船上空间非常紧凑：没有船舱、铺位、厨房等，唯一用于人类活动的空间是一个可拆卸的操舵室，仅在下水试验阶段使用，该阶段是由人类操控船只的。油箱占据了船体的一大部分，可装载 40t 柴油，支持船只连续巡逻 3 个月。“海猎号”可以在 6 级海况，即 6m（20ft）高的巨浪中航行。

“海猎号”可与操作人员保持卫星通信，但由于水上交通情况比空中复杂，遥控难度高于无人机，因此，船上配备雷达和电子系统以探测其他船只，防止碰撞，并有摄影机和光学识别软件作为备份系统。

与其他舰船一样，“海猎号”也需要遵守《国际海上避碰规则公约》（简称《公约》）——相当于航海版的《公路法》。《公约》规定了船舶何时需要让道，其中一条规则是，本船动作必须是其他船只的操作员明显可见的。因此，“海猎号”不能按导航计算机算出的微小动作来修正航向，而必须做出大幅度的、明显的修正动作。

尽管“海猎号”没有武装，但它配备了一系列用于潜艇探测的传感器，DARPA 不肯透露更多细节，但表示“海猎号”“独一无二的特点”使之能够采用“非常规的传感器技术”。言下之意可能是，由于无人船能够完全静音，所以其声呐系统可以更有效地接收到微弱的声音。DARPA 称“海猎号”能够“鲁棒且连续地跟踪最安静的潜艇目标”。有了人工智能（AI）系统，机器人船无须人类辅助也可以和最狡诈的敌方潜艇玩猫捉老鼠的游戏。DARPA 众包了船载系统中的一些算法，通过在线游戏的方式吸引玩家提供狩猎潜艇的创新点子。

“海猎号”的试验阶段即将结束，开发者已经预见到这艘机器人船除了反潜作战以外的多种应用。“项目进行期间，我们意识到这艘船其实是一个平台”，研发项目经理斯科特·利特尔菲尔德（Scott Littlefield）说，“它可以搭载多种装备，执行多种任务。”

自从尼古拉·特斯拉（Nikola Tesla）于 1898 年演示了无线电控制的无人船以来，发明家一直都在为海军提供各种遥控船的设计，然而多数并未成功。如今“海猎号”结合了长续航、高自主和低成本的优点，可能扭转局势。

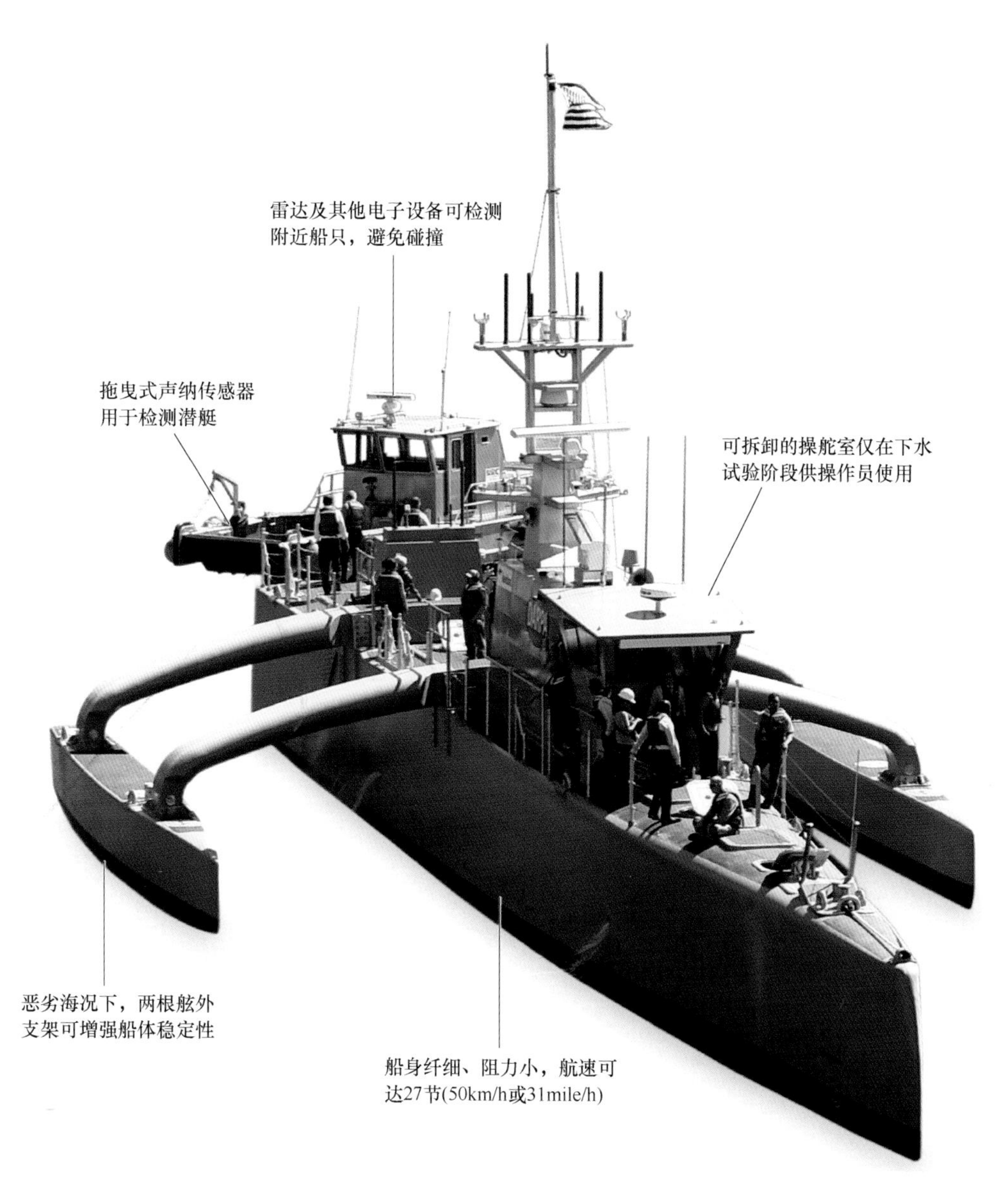
雷达及其他电子设备可检测
附近船只，避免碰撞
拖曳式声纳传感器
用于检测潜艇
可拆卸的操舵室仅在下水
试验阶段供操作员使用
恶劣海况下，两根舷外
支架可增强船体稳定性
船身纤细、阻力小，航速可
达27节(50km/h或31mile/h)

遥控天线
外壳装甲使其免受小型武器伤害
摄影机及其他传感器
履带提升越野能力

第九节
无人战车“战友”

高度	3.5m（11.5ft）
重量	7mt（7.7t）
年份	2016 年
材料	钢
主处理器	保密
动力	柴油

随着征兵日益困难，机器人无疑是一个扩充武装部队的好办法。采用战斗机器人的一大优点是可以减少前线人员伤亡。许多国家对自主机器人的研发都持谨慎态度，担心机器人一旦出错就可能误伤己方士兵或平民，而俄罗斯却认为战斗机器人是大势所趋，早些部署就能早些受益。

冷战期间，苏联没有像北约那样致力于精密电子的研发，而选择了大规模生产简单有效的武器，最典型的是武器制造商卡拉什尼科夫（Kalashnikov）公司制造的突击步枪和巴扎特（Bazalt）公司生产的 RPG-7 火箭筒。第二次世界大战期间，苏联靠人数优势战胜了技术更领先的敌人，但付出了惨痛的代价——士兵大量伤亡。也许正是这段历史使得俄罗斯民众对士兵伤亡非常敏感，也让政府迫切希望能够研发出机器人武器以减少阵亡人数。

俄罗斯是最早部署武装机器人的国家之一。早在 1939 年苏芬战争（即冬季战争）期间，苏联就采用了无线电遥控坦克——Teletank。但自此以后，武装机器人开发的进展缓慢，直到 2013 年才又逐渐加速，许多公司再次向俄军方展示其研发成果。例如，能在建筑物内移动的有枪版的炸弹处理机器人，包括配备机关枪的履带式无人地面车辆“神枪手”（Strelok 或 Sharpshooter）（译者注：俄语中 Меткийстрелок 写成拉丁字母即 Metkiystrelok，英译为 sharpshooter），还有履带式战斗机器人“平台-M”（Platform-M）以及扫雷机器人“野猪”（Vepr 或 Boar）（译者注：乌克兰语中 Вепр 写成拉丁字母 Vepr，英译为 Boar）。其他机器人则如坦克大小，例如无人地面战车“旋风”（Vikhr 或 Whirlwind）（译者注：俄语中 Вихрь 写成拉丁字母即 Vikhr，英译为 Whirlwind），它是俄陆军主要装甲运兵车 BMP-3 的机器人版本。

卡拉什尼科夫集团（Kalashnikov Concern）开发的履带式无人战车“战友”（Soratnik 或 Comrade in Arms）（译者注：俄语中 Соратник 写成拉丁字母为 Soratnik，英译为 Comrade in Arms）于 2016 年亮相，体积中等，与汽车差不多大，重达 7t。由于其大小适宜，既能轻松穿越崎岖地形，又不会价格过高，不影响大规模采购与部署。“战友”的公路速度可达 40km/h（25mile/h），如其名所示，“战友”在作战中用以支持步兵分队，在它的炮塔上装载了一支机关枪——当然是卡拉什尼科夫自动步枪了。

“战友”也可以装载榴弹发射器一类的重型武器，其中一种反坦克版本可以携带八枚导弹。装甲战车不会被小型武器和弹片伤害，只需防范大口径武器和反坦克导弹的攻击即可。

“战友”的一大特色是其安全通信系统，士兵可以在 9.5km（6mile）以外遥控车辆。战车上还可以携带并发射两架由扎拉航空集团（Zala Aero Group）开发的无人机，用于搜寻敌方目标，扎拉航空集团则是卡拉什尼科夫集团的子公司。与西方国家研发的机器人武器相比，“战友”最大的区别在于软件。你或许会以为这种火力凶猛的无人战车只能在人类操作员的严格操控下才能使用，而事实上，“战友”定义了多级自主操作模式，必要时能够自行驾驶并开火。俄罗斯军方研发自主机器人的激进态度部分源于对无线电干扰的担忧，而战场上的无线电干扰正愈演愈烈。通信是军事机器人的薄弱环节，许多反无人机系统都是通过干扰无人机与人类操作员的通信而工作的。一旦通信中断，机器人要能够自主行动，而俄罗斯军方所理解的自主行动包括独自作战。

在极端情况下，“战友”完全能够独立运作。制造商称它能在 2.5km（1.5mile）外探测、识别并跟踪目标，也能辨别敌友。等待敌方出现期间，机器人还能自行进入“睡眠”省电模式，可维持 10 天之久；这样一来，一组“战友”就能长时间协同防守阵地了。

如果卡拉什尼科夫公司的地面机器人与其制造的突击步枪一样坚固耐用且平价，那么不久后，它们就可能出现在战场上了。

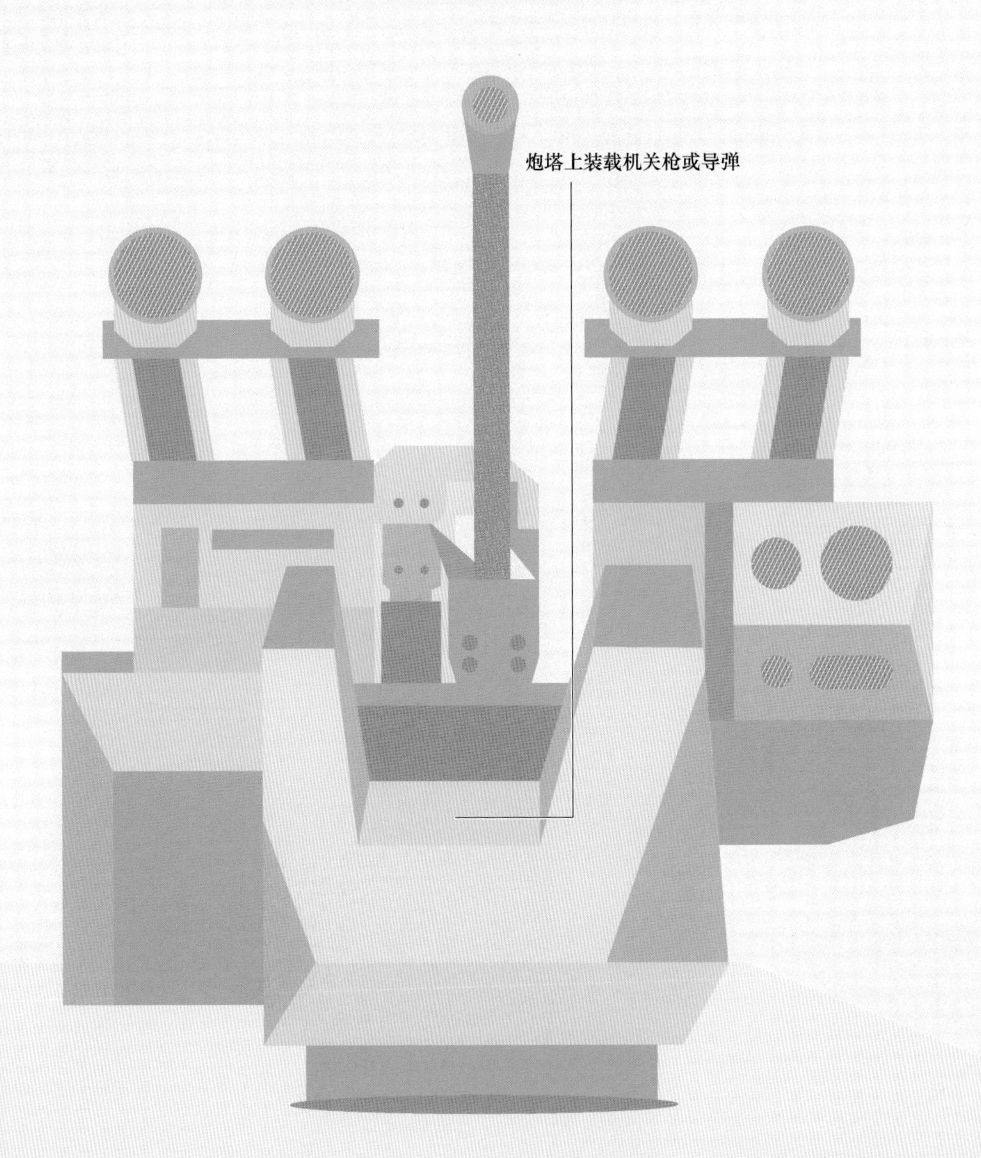
炮塔上装载机关枪或导弹

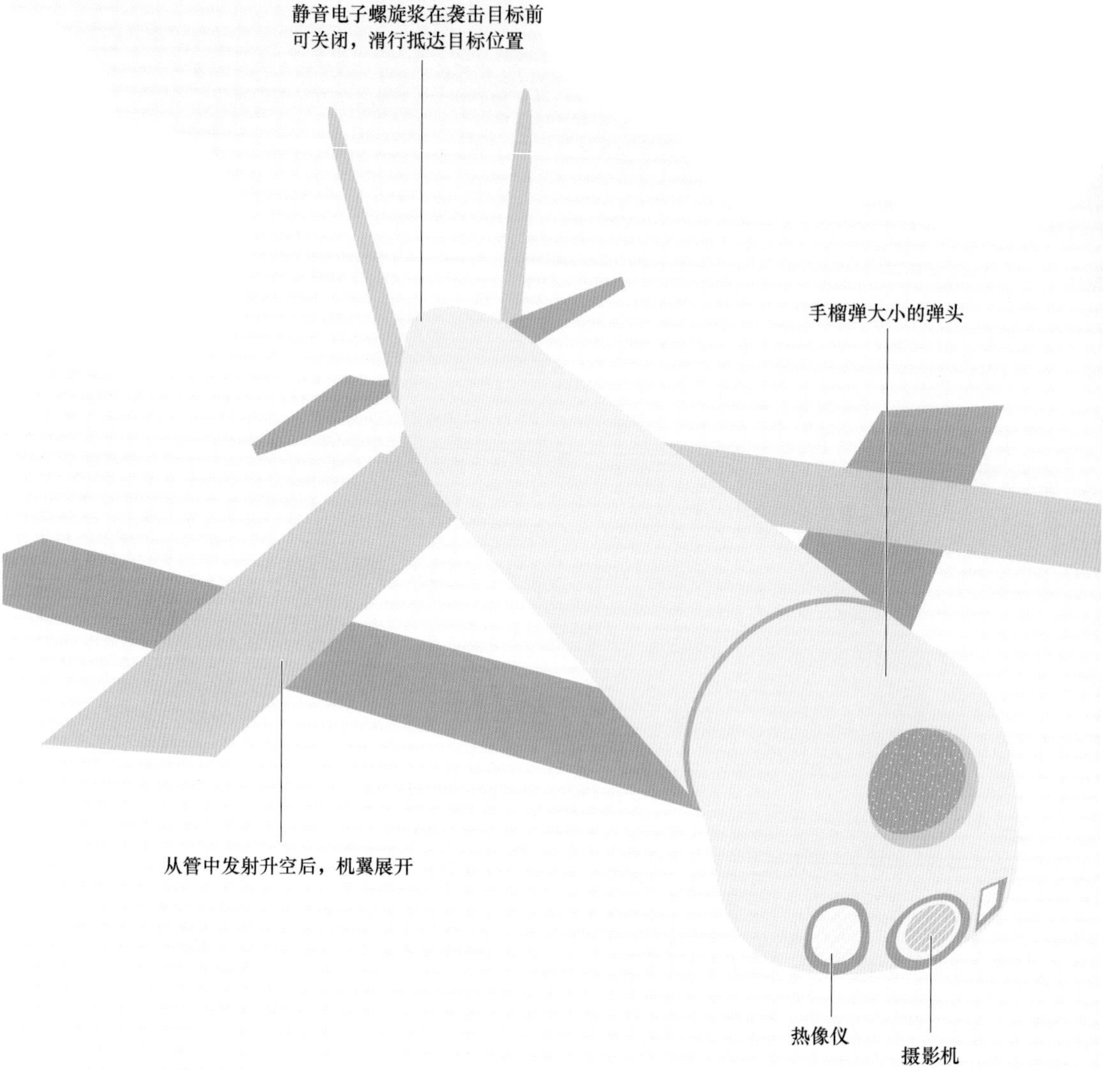

静音电子螺旋桨在袭击目标前
可关闭，滑行抵达目标位置

手榴弹大小的弹头

从管中发射升空后，机翼展开

热像仪

摄影机

第十节 自杀式便携无人机“弹簧刀”

高度	70cm（27.5in）
重量	可达 2kg（4.4lb）
年份	2011 年
材料	复合材料
主处理器	保密
动力	锂离子电池

“弹簧刀”（Switchblade）无人机的正式名称为“战术巡飞弹”（Tactical Loitering Munition）。它长得像无人机，飞行方式像无人机，控制单元也和无人机一样，唯一的区别在于“弹簧刀”的设计决定了它只执行单向任务、有去无回，且携带爆炸弹头，会与目标同归于尽。这种新型致命机器人可能改变战争模式——从地面短兵相接到天空无人机交战。

“弹簧刀”的起源可以追溯到 21 世纪初，美军部署在伊拉克和阿富汗的特种部队开始使用名为“渡鸦”（Raven）的小型手持发射式无人机。该机型由加利福尼亚州宇航环境（AeroVironment™）公司开发，能够协助观测前方山脊或村落，深受士兵欢迎。比起需要由空军发射的“捕食者”无人机，“渡鸦”可由步兵携带，1min 就能完成发射。它能观察四周环境，还能飞到车队前方去侦察有无埋伏。

“渡鸦”唯一的短板在于，它只能检测到敌人是否存在，而无法采取任何行动。当叛乱分子装好迫击炮或者准备开火袭击友军时，“渡鸦”操作员只能眼睁睁看着而无能为力。

美国空军的“阿努比斯计划”（Project Anubis）（译者注：阿努比斯是古埃及神话中的死神）旨在为美国陆军开发小型无人机，成果即宇航环境公司2011年公布的“弹簧刀”。“弹簧刀”装在像微型巴祖卡火箭筒一样的管子里，以压缩气体为动力发射到空中。发射后机翼才会展开，因而得名“弹簧刀”。电子螺旋桨可持续驱动15min，飞行速度约80km/h（50mile/h），因而航行里程约几公里。机载可见光摄影机及热成像摄影机，通过抗干扰的安全数据链传回视频。定位目标后，操作员可下令锁定目标，无人机便自动追踪并摧毁目标，无论目标采取何种躲避战术都难逃此劫。

有了“弹簧刀”，操作员可以藏在掩体后面，识别并锁定几英里以外的目标，而不被敌军发现。机载弹头的威力足以摧毁轻型车辆，例如叛乱分子常用的皮卡；与此同时，弹头爆炸的方向性又极强，被称作“会飞的散弹猎枪”，击中目标时，几米开外的人员并不会受伤。“弹簧刀”可以沿任意方向攻击目标，也可以垂直向下俯冲。这意味着战壕、散兵坑等多数掩体都无法抵御它的袭击。“弹簧刀”甚至可以从窗户或开着的门进入屋内。

“弹簧刀”的一项重要功能是“复飞”。当无人机接近目标时，只要操作员发现目标有误，例如目标是非武装平民，可以当即取消袭击。这时无人机将马上停止俯冲，盘旋并寻找下一个目标。由于这项独一无二的功能，“弹簧刀”也可以用在“交战规则”禁用其他武器的场景中。

目前已有上千架“弹簧刀”投入使用，据报道，它们在军事行动中表现突出。除此之外，其他应用细节我们就不得而知了，关于这一武器的许多信息目前尚为机密。

不难猜到，美国及其他国家将会涌现出许多“弹簧刀”的竞争者。拥有“弹簧刀”的士兵分队，无论执行攻击还是防守任务，都能有效地观察、打击敌人而不暴露自己。随着此类武器的发展，几百米外用步枪交战的场景可能会像曾经的白刃战那样成为历史。

步兵可携带的精确打击武器

最终袭击前，飞行速度接近160km/h(100mile/h)，
自动跟踪装置可用于锁定目标

翼展70cm(27.5in)

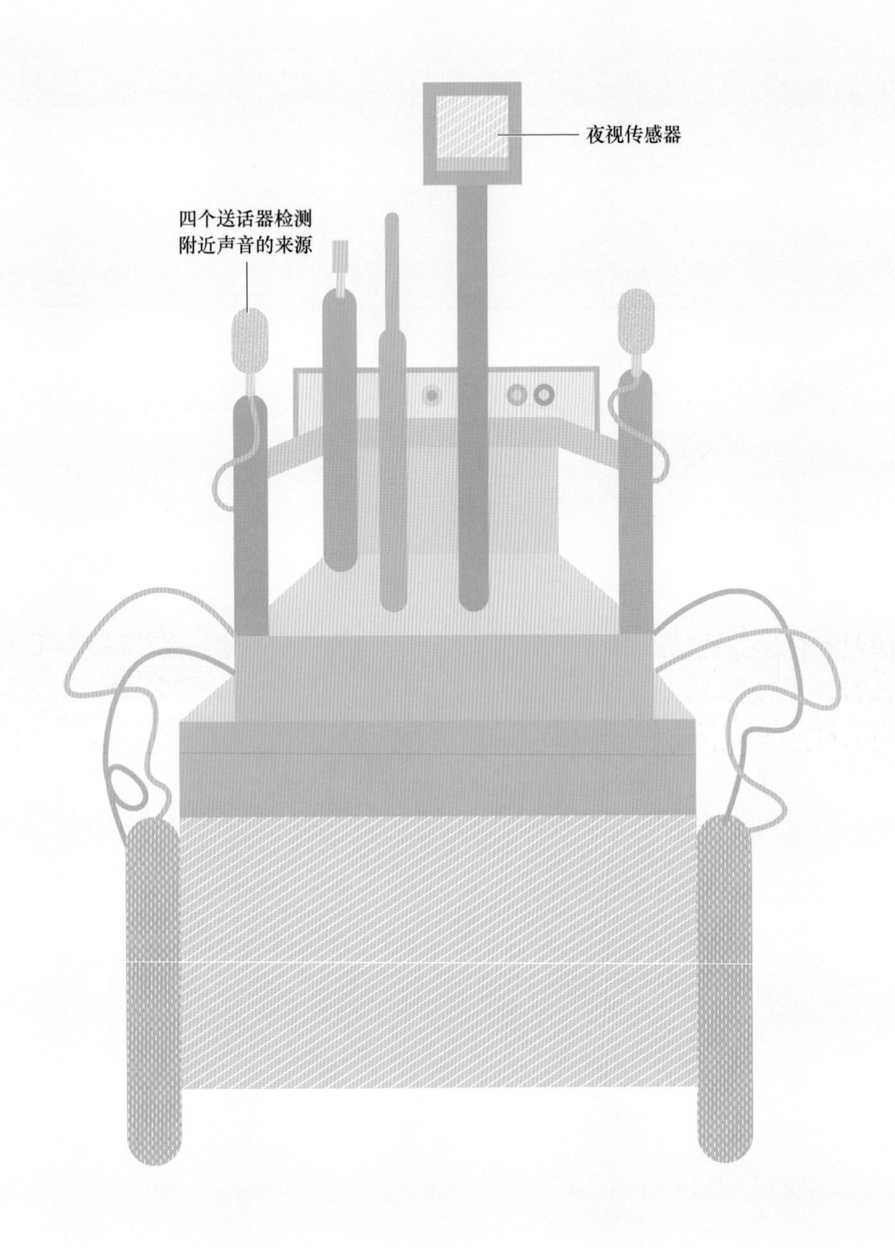
夜视传感器
四个送话器检测
附近声音的来源

第十一节
隐蔽机器人间谍

高度	约 60cm（24in）
重量	约 20kg（44lb）
年份	2008 年
材料	复合材料
主处理器	商用处理器
动力	锂电池

军用地面机器人的鲁棒性高，但和人类相比，它们目标太大、太笨拙，执行秘密活动时容易暴露。于是，研究者开发出世界上第一名机器人间谍。

2011 年，美国洛克希德·马丁（Lockheed Martin）公司位于新泽西州切里希尔镇（Cherry Hill，New Jersey）的先进技术实验室就其开发的“隐蔽机器人”（Covert Robot）公布了一些细节。该机器人靠四个静音的橡胶轮子移动，能够娴熟地构建周围环境的 3D 模型，迅速计算目标的视线范围，从而躲避人类哨兵。不过，这个机器人真正的绝招在于能够判断自身处于不同位置时是否会被人类发现，也就是间谍的素质。

“隐蔽机器人”有多种办法避免被发现。最简单的办法是夜间远离光线充足的区域，只在阴影中活动。已知哨兵位置时，就远离哨兵的视野范围，用四枚送话器接收环境声音，判断附近脚步声的方向。当它听到有人走近时，就悄悄地离开原地，同时确保自己有多条逃跑路径，避免进入死胡同。

开发者称机器人具有“多层次世界模型”——它会创建周围环境的抽象图，同时考虑到障碍物、可通行路径、威胁及光源等因素。机器人会评估每一条路径的风险程度，权衡任务目标与风险，从而做出决策。只有在迫不得已时，它才会选择有风险的路径，其他情况下则宁可多绕路也要降低风险。机器人每秒都在更新其构建的世界模型，能对新机会（例如打开的门）和新威胁（例如巡逻警卫）及时做出响应。

第一代“隐蔽机器人”仅用商用机器人的零件构建而成，可看作是对真实环境中秘密任务执行软件的低成本测试平台。随后更先进的版本则采用较为复杂的硬件，更静音、更不显眼，移动性也更强，有上台阶功能。以后如果采用最先进的硬件，“隐蔽机器人”可能会类似于波士顿动力（Boston Dynamics）公司开发的双足人形机器人 Atlas（见第四章第四节人形机器人 Atlas），从远处看就像真人一样，从而进一步降低暴露的风险。

美国军方可能正在资助此领域的进一步研究，包括开发能够“持续监视”的地面机器人。此类机器人可潜伏在特定地点，长时间观察，并用机械臂抓取树叶、树枝等盖住自己，利用环境伪装。

美国海军在欺骗性软件方面开展了较多先进的研发活动，旨在模仿动物的欺骗及干扰方法。例如，一只小鸟单打独斗绝对没优势，而一群小鸟却可以围攻一只大型肉食动物；又如，麻雀会假装去检查假的坚果储藏地，误导其他动物。“隐蔽机器人”也可以采用类似的办法引诱守卫离开岗哨，虚张声势吓跑敌人或令其投降。

机器人的这些功能体现出一种自我意识，即考虑自身在群体中的形象。这种人类属性如果被移植到战斗机器人身上，虽然是了不起的成就，但也会引发一些争议。

《战争法》规定，士兵需穿着制服以区别于平民，任何不表明身份的士兵均为“非法战斗人员”。然而，机器人并不受此类法律限制，也不用担心被捕、被杀。影视作品中的“终结者”（Terminator）就是一种能够模仿人类声音的“渗透单元”，而真实的隐蔽机器人可能具备更多躲避、欺骗人类以完成任务的技能。这些机器人可能成为比“收割者”无人机（见第三章第三节无人侦察机 MQ-9“收割者”）更厉害的杀手，但在道德层面上也更加令人不安。

深色外壳，适合
夜间执行任务
静音橡胶轮子

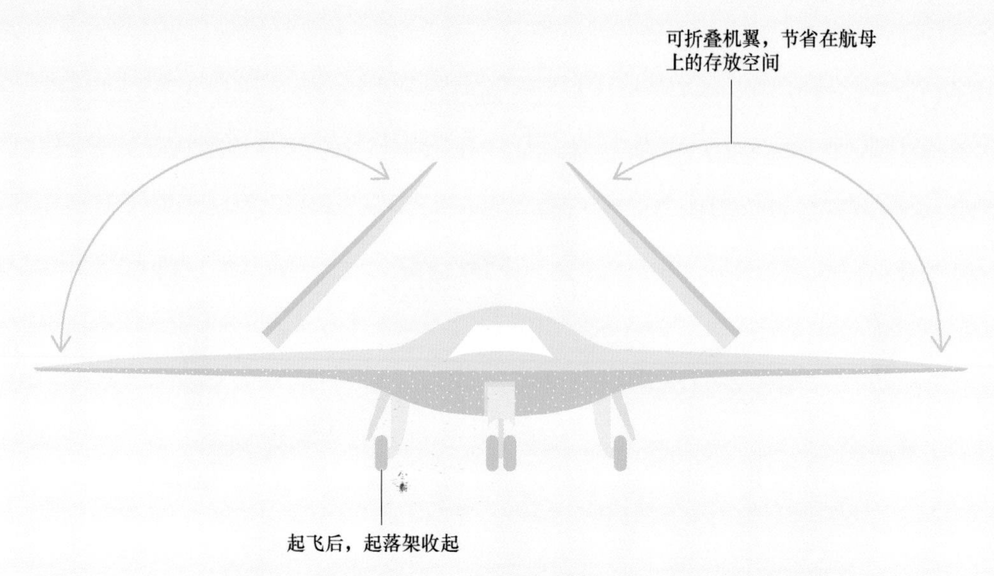
可折叠机翼，节省在航母上的存放空间
起飞后，起落架收起

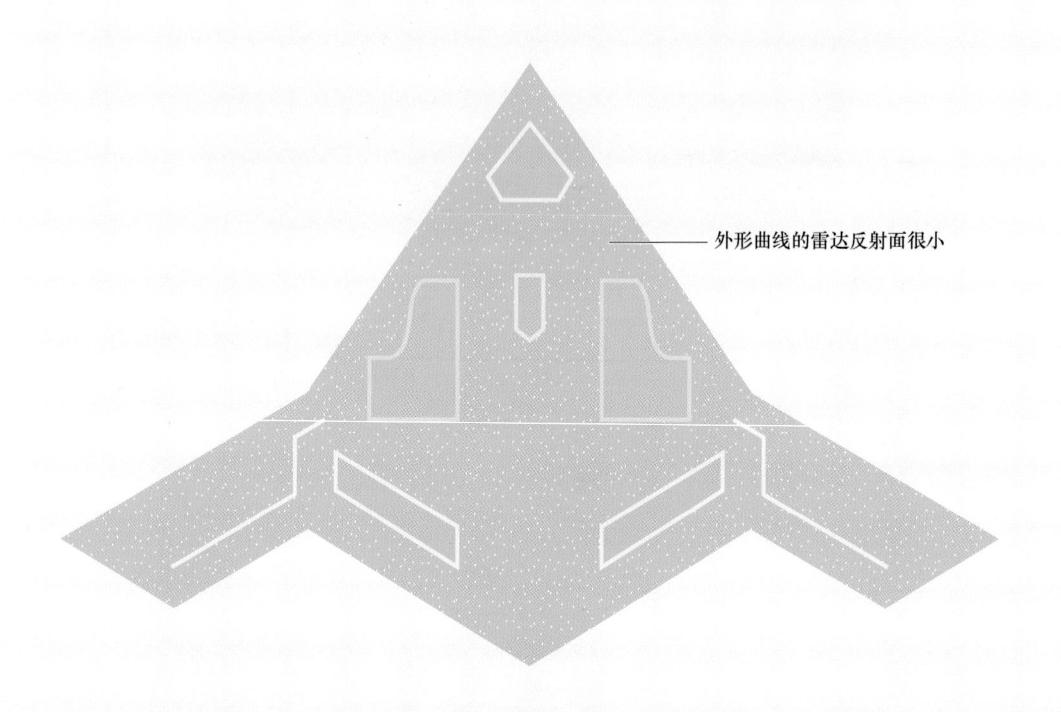
外形曲线的雷达反射面很小

第十二节
隐形无人机 X-47B

高度	3.1m（10.1ft）
重量	约6.35t
年份	2011年
材料	复合材料
主处理器	商用处理器
动力	Pratt & Whitney F100-220U 涡扇发动机

在军事冲突的开始阶段，首要任务之一是除去敌方的地对空导弹发射系统，从而让攻击机穿越防空火力圈、击中目标。这类压制敌方防空（SEAD）任务十分棘手且危险，因为敌方的导弹防御系统已经严阵以待，做好了摧毁我方飞机的准备。

SEAD任务听起来该是机器人的活，并非只有人类飞行员才能识别目标，毕竟雷达站点和导弹装置都非常明显，误炸民用建筑的概率很低。美国诺斯罗普·格鲁曼（Northrop Grumman）公司开发的X-47B是一款具有光滑表面的无人喷气式飞机，长得像去掉驾驶舱的缩小版攻击机，专门用于执行SEAD任务。X-47B棱角分明，机型类似于载人的F-22和F-35战斗机，而且同样可以高速飞行。该无人机具有隐身特性，很难被雷达发现，一是因为机身形状使得雷达反射波很难回到发射位置，二是因为机身表面涂有特殊材料，可很大程度吸收雷达波。这些措施并不能让X-47B对雷达完全隐形，但足以在较远距离突破防御，等雷达发现时已经太晚了。

X-47B以965km/h（600mile/h）速度在12 000m（40 000ft）高空飞行

时，就能够自行发现目标，但必须由人类操作员下达任务指令，并确认使用武器。机载武器包括2000kg（4400lb）的智能炸弹及导弹——它们储存在内置弹舱而不是挂在机翼下，因为机翼需要保持外形曲线，以防被雷达发现。

X-47B是为美国海军开发的，必须能够在航母上使用，因此它采用可折叠的机翼，以节省存放空间。2014—2015年，X-47B在美国西奥多·罗斯福号航空母舰（USS Theodore Roosevelt）上开展了一系列飞行测试。在航母甲板上起落与在飞机场大不相同：航母上采用蒸汽弹射器将飞机弹射到空中；降落时，飞机需平稳地降落在左右摇晃的甲板上。航母的快节奏作业意味着无人机与载人飞机可能在同一时段起落，它们必须安全地共享空域。

X-47B顺利通过了航母上的试验，然而有些政治因素一直阻碍其应用。美国海军的首要任务是开发F-35和F-18载人飞机，这两个项目争取到了大部分资金，其他项目一旦与之冲突都要给它们让路。X-47B无人机项目自2000年开展以来，经历了数次更名及更改开发目标：它最初的定位是具有一定侦察能力的无人攻击机，后改为具有一定攻击能力且具有加油机功能的无人侦察机，2016年进一步降级为具有二级攻击能力的空中加油机。如今，X-47B的任务是在航母上空盘旋，为F-35和F-18加油，从而保障这两种载人飞机顺利地执行关键攻击任务。

X-47B最近一次改变定位导致隐身功能被取消。这样可以节省成本，但也降低了无人机用于防御性作战任务的可能性。而基于量产考虑的设计会比最初刚研制时的设计速度更低，同时成本也更低。

美国海军坚持认为，目前采用无人加油机能为其提供在航母上运行无人机的经验，有助于下一代无人机担任更重要的角色。什么时候推出下一代无人机，我们还不清楚，不过，目前看来，壮志凌云的飞行员们还没准备让位给机器呢。

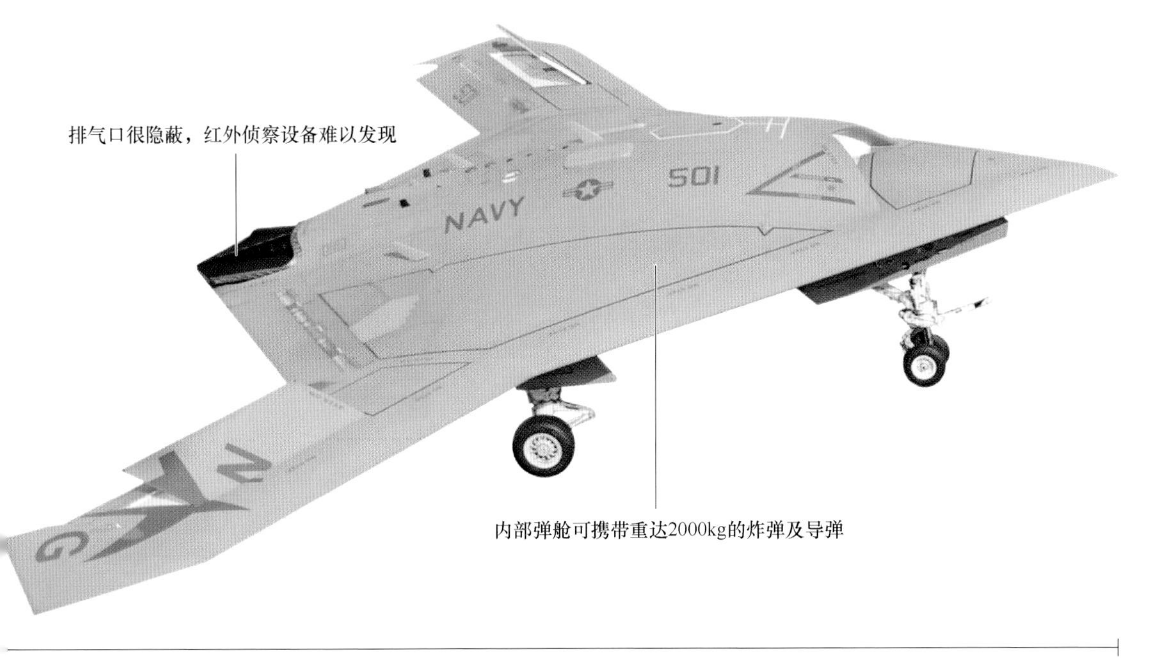
排气口很隐蔽，红外侦察设备难以发现
NAVY
501
内部弹舱可携带重达2000kg的炸弹及导弹
12m(39ft)

第四章 其他机器人

目前已投入使用的很多机器人都工作出色，但距离科幻作品中理想的机器人还是相去甚远，例如《星际旅行》（*StarTrek*）中的戴塔少校（Commander Data）、《终结者》（*Terminator*）中的终结者以及《西部世界》（*Westworld*）中的居民。不过，研究者正在努力缩小理想与现实的差距。

很多机器人不需要外形看起来像人类，往往采用功能性形状，例如工业机械臂。然而，在人类环境中工作的机器人，要会开门、上下台阶，采用人形更合适。例如，美国波士顿动力公司（Boston Dynamics）开发的双足机器人“Atlas”具有类人的移动性，美国国家航空航天局（NASA）研发的机器宇航员（Robonaut）与人类宇航员共同执行空间任务，还有美国海军研制的舰载自动消防机器人（SAFFiR）。这些机器人的灵活性当然比不过奥运会运动员，但近几年着实取得了长足的进步。机器人已不再是人们印象中行动迟缓的机器，不再是人类的低级副本了。

机器人是天生的探险家。无人系统比人类更早进入太空，人类大概还要几十年才能登陆火星，而NASA的“好奇号”火星探测车（Curiosity Rover）已经在火星表面钻探并寻找生命痕迹了。此外，探索海洋的“飞潜者”滑翔器（Flying Sea Glider）能够连续数月在水下工作，而美国维沙瓦机器人（Vishwa Robotics）公司开发的“维沙瓦伸肌装置”（Vishwa Extensor）——给深潜者用的遥控机械臂，能够在人类无法抵达的深海中工作。

人类并不是研究者想要模仿的唯一形式。海豚游得比潜水艇还快，甚至能跃出水面，为何不借鉴大自然的设计，制造一种新型、高效的游泳机器人“机器海豚”（Dolphin）呢。“章鱼机器人”（OctoBot）异想天开地模仿了章鱼形态，虽然它的实用性不强，但它促进了“软体机器人”技术的发展。无骨的章鱼与人类这样的脊椎动物一样，行动灵活，蕴含了大自然巧妙的设计。软体机器人技术探索了采用非刚性零件制造机器的可能性。

人类探索自然的历史也是一部坚持对抗恶劣环境的历史。一次持续数月的航海需要出海者拥有史诗般坚韧不拔的毅力——除非是机器，对机器人而言，航海只是一种例行工作。机器人是天生的潜航者，极端温度和长时间水下作业都算不得什么。“飞潜者”滑翔器可以持续飞行、持续游泳；“维沙瓦伸肌装置”作为供深潜者使用的遥控机械臂，也可能装备在各类无人潜航器上。

机器人比人类更适应太空生活。无人系统比人类宇航员更早进入太空、登陆月球。

“云集机器人”（KiloBot）看起来最不起眼，功能还不如一个发条玩具，它其实是用来测试协同机器人群集控制软件的研究平台。此项技术可能最终应用于各种机器人，无论它们的工作是清洁窗户、实施手术还是在野外或工厂作业。

迄今为止，“纳米机器人”（NanoBot）还只存在于科幻小说中，它们成千上万地聚集在一起，协同创造或摧毁目标。有朝一日它们可能进入人类血液，探测并根除早期肿瘤细胞，防患于未然；也可能拆除旧建筑，重新组装成新房子，高效回收利用金属、石头及塑料等。这个领域的进展比预期要慢，但梦想终会实现。

本书根据公开的信息，描述了机器人领域的现状和未来的发展方向，而国家实验室和谷歌等大公司也许已经秘密研制出更先进的机器了。

我们可以确认的是，各个研发项目带来新的技术特征，例如操纵器，高机动性，实现群集和社交行为的软件，结合这些特征有可能开发出功能更强大的机器人。想象一下，配备了“维沙瓦伸肌装置”的机器海豚，或者多个安装群集算法的“伦巴”扫地机器人合作清扫大房子，还有将具有人类外貌但基本静止的“索菲亚”（Sophia）机器人与高机动性的 Atlas 机器人相结合，研发出真正的人形机器人。

另一个巨大的未知因素是人工智能（AI）。谷歌工程总监雷·库兹韦尔（Ray Kurzweil）预计，计算机将于 21 世纪 40 年代超越人类智能。到那时，现在的机器人就仿佛达·芬奇的机械骑士那样原始。

机器人正在改变世界，一切才刚刚开始。

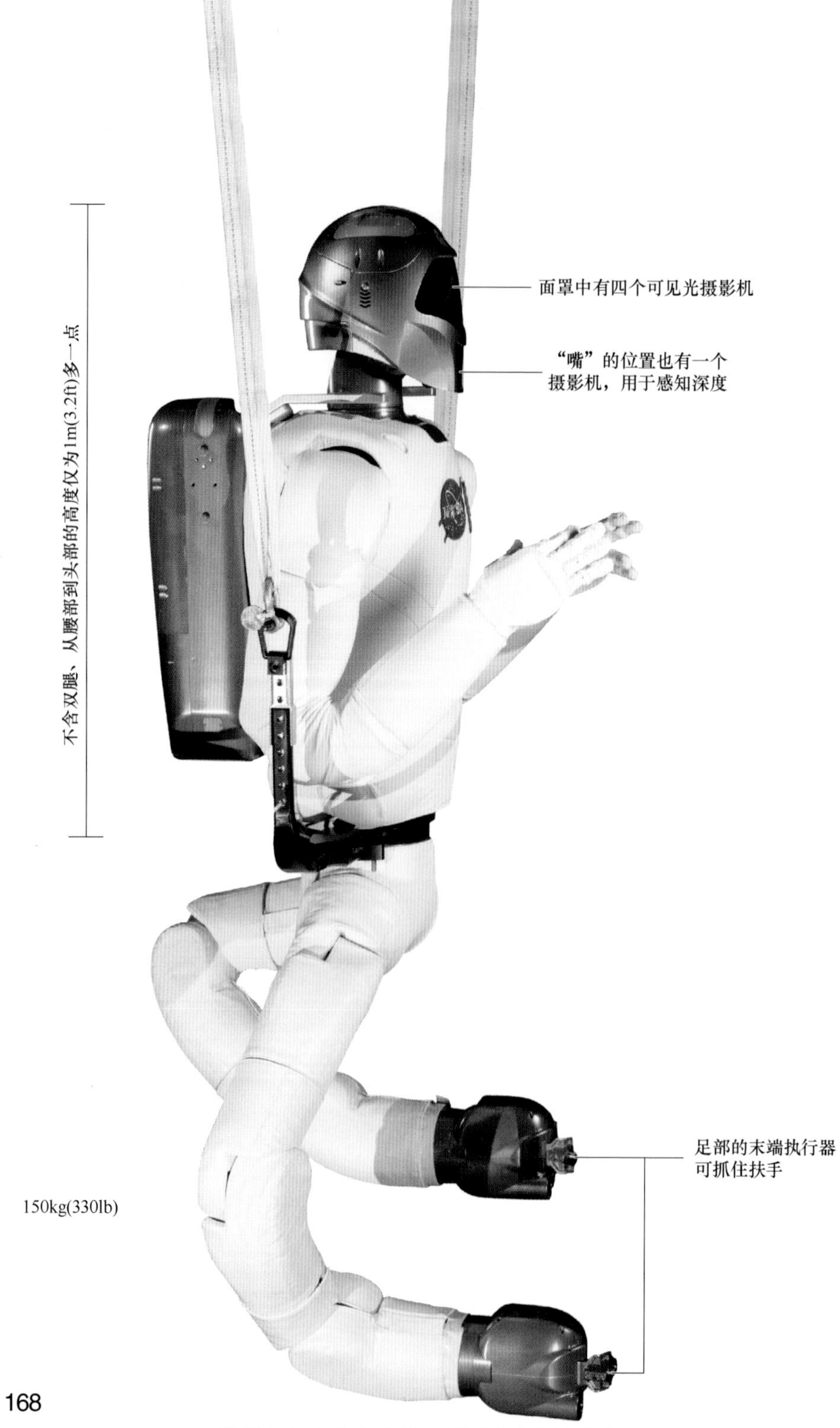

机器人共42个自由度，灵活程度堪比人类

第一节
机器宇航员 Robonaut 2

高度	2.4m（7.9ft）
重量	150kg（330lb）
年份	2011 年
材料	复合材料
主处理器	PowerPC 架构处理器
动力	电池组/外接电源

机器宇航员（Robonaut）并不能代替人类宇航员，而是作为助手，自主执行一些简单重复的日常工作，从而让人类宇航员能够集中精力处理关键任务。

宇航员执行舱外活动（Extra-Vehicular Activity，EVA）时，要穿上笨重的太空服，离开国际空间站（International Space Station，ISS）到舱外去。这样的工作十分艰苦且耗费精力，因此每轮 EVA 只能持续几小时。不仅如此，舱外活动还要冒极大的风险，太空服一旦出现一点点撕裂，内部空气都会逸出，给宇航员带来生命危险。就算宇航员足够小心、避免撕裂太空服，太空中的微陨星和轨道碎片也是不可避免的潜在威胁。此外，由于太阳风暴期间辐射水平极高，EVA 也无法执行。

机器宇航员则不介意真空环境。由于它的尺寸和形状与人类相似，现有给宇航员开发的全部工具，机器人都可以使用。宇航员不愿意从事的烦琐工作，交给机器人最为合适。机器宇航员项目于 1997 年启动，直到 2011 年，最新版 Robonaut 2 才交付给 ISS。

机器宇航员的主要特点是灵巧，操作器具的能力与人类相当。它的上肢有7个自由度，每只手（五根手指）有12个自由度，且握力超过2kg（4.4lb）。甚至连机器人的脖子都有3个自由度，能够旋转、倾斜，环顾四周。头部有4个可见光摄影机和一个红外光摄影机，背包中是充电装置，可以连接国际空间站的电源，用以充电。

机器宇航员的大脑位于躯干中，由38个PowerPC处理器组成，负责处理全身300多个传感器输入的数据。许多传感器装在手上：每个关节包含两个位置传感器、1个触觉压力传感器和4个温度传感器。

机器宇航员的眼睛可以产生3D视觉，但目前只能在良好的照明条件下使用，如果照明条件受限，视觉效果就不好。为此，开发者正在尝试改进目标识别算法，弥补视觉的缺陷。与地面机器人不同，机器宇航员的周围环境是可以预知的，空间站上的每样物品都有确定的尺寸和形状，因此做目标识别与分类时，对视觉信号的质量要求较低。

机器宇航员最初只有上半身，高1m（3.2ft）左右，主要是作为机器臂。虽然重达150kg（330lb），但在太空失重的环境下，移动起来并无困难。2014年，开发者又将一双机器腿送上国际空间站，使机器宇航员成为完整的人形机器人。这双机器腿的专业名称是攀爬操纵器，即在本该是双脚的位置安装了两个钳子形状的“末端执行器”（end effector），使机器人能像攀爬的猴子一样用脚抓住扶手。末端执行器上装有视觉系统，能帮助机器宇航员看清立足点。

开发者还试验了其他几种配置，例如，用于行星探测的机器宇航员由轮式底盘和人形机器人躯干组成，名为“半人马”（Centaur）。

目前，机器宇航员在国际空间站中只承担一些琐碎的任务，包括清洁扶手，用手持式仪表测量站内空气质量。机器宇航员还有自己的“任务板”，像给小孩子玩的玩具一样，有各种按钮和推拉开关。机器宇航员只能用任务板练习动作，而没有权限去按飞船上真正的按钮。

人类宇航员在太空中需要大量生命支持设备来提供食物、水和可呼吸的空气，所以像载人火星探险这样的长期任务会配备大量机器人劳动力来支持为数不多的人类宇航员，也就是说，飞船上的机器宇航员将多于人类宇航员。科幻小说中机器人总是叛变，而现实中的机器人则会成为星际旅行中最可靠的队友。

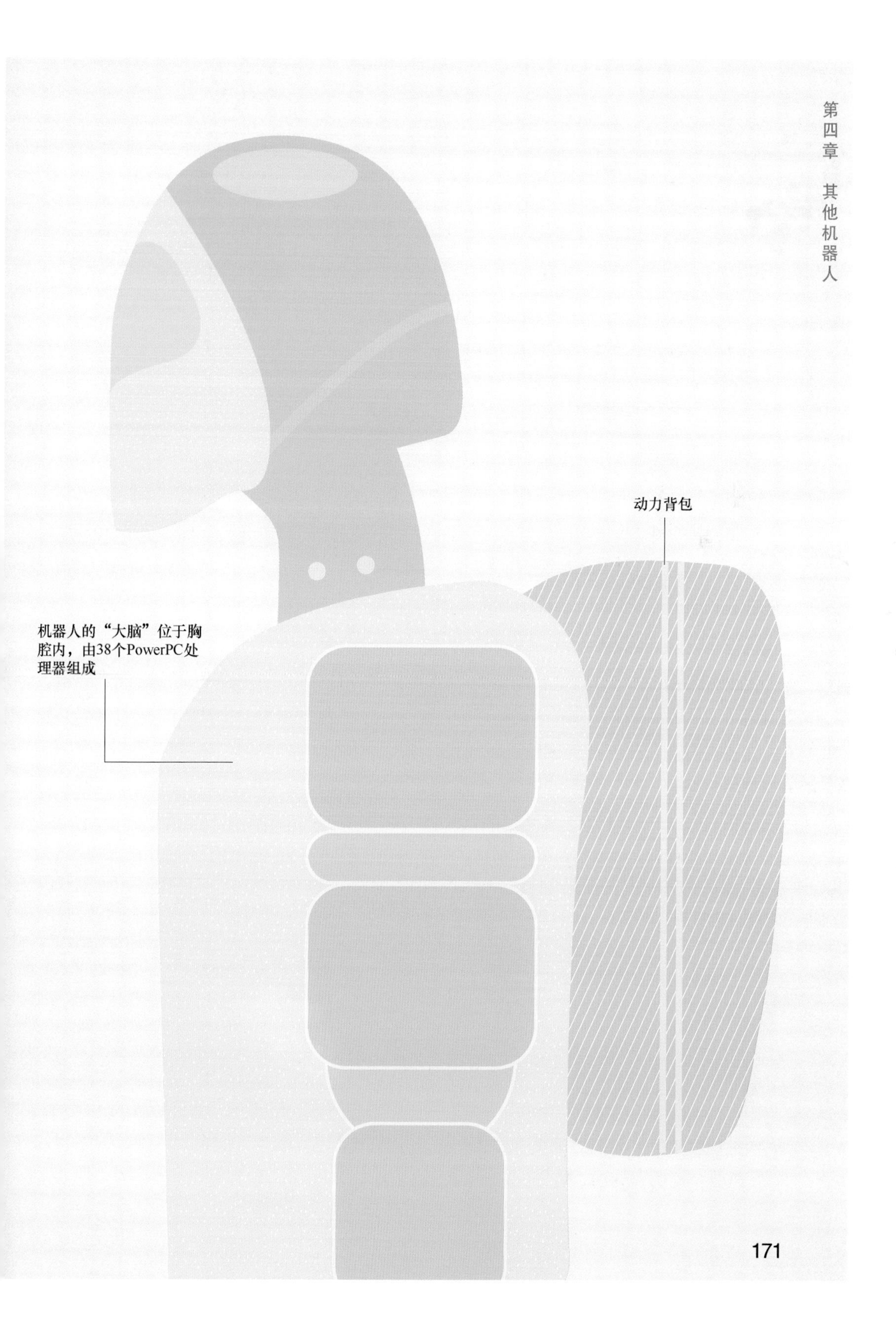
动力背包
机器人的“大脑”位于胸腔内，由38个PowerPC处理器组成

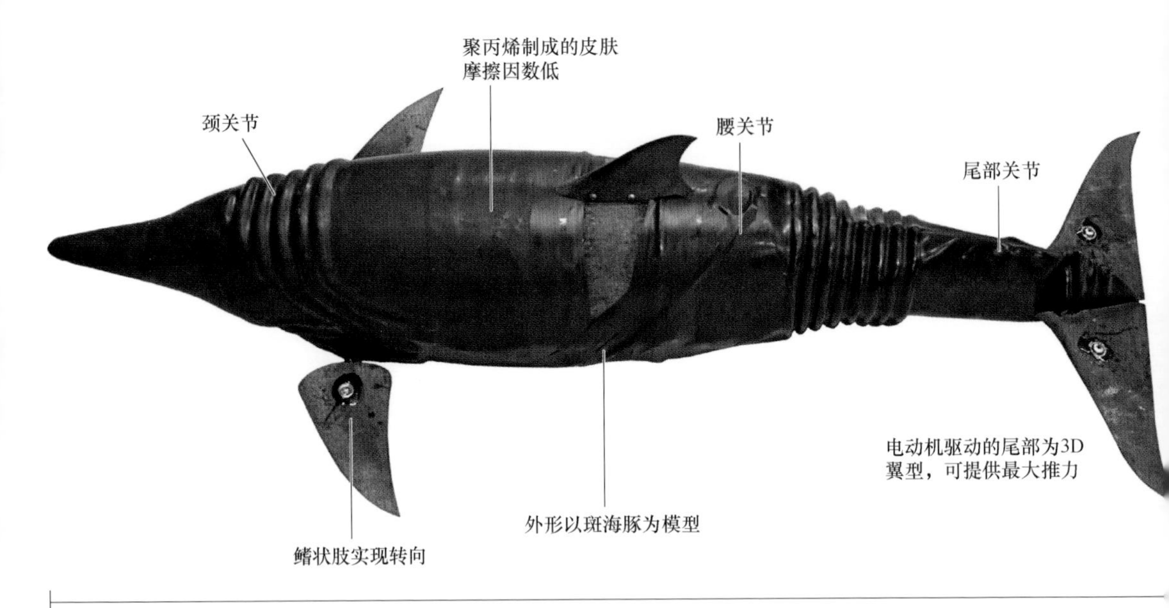
聚丙烯制成的皮肤
摩擦因数低
颈关节
腰关节
尾部关节
电动机驱动的尾部为3D
翼型，可提供最大推力
外形以斑海豚为模型
鳍状肢实现转向
72cm(28in)

第二节
海豚仿生机器人 Dolphin

高度	72cm（28in）
重量	4.7kg（10.3lb）
年份	2016 年
材料	钛，聚丙烯
主处理器	Cortex M3
动力	电池组/外接电源

中国研发团队开发出一种海豚形状的水下机器人，通过扭动躯体和尾部产生驱动力，游泳速度比传统的螺旋桨船只要快得多。它不仅长得像海豚，还会跃出水面，可谓未来敏捷鱼类机器人的先驱。

水的密度是空气的 1000 倍，水的阻力使得潜水艇的航速远远低于水面船只。因此，船艇设计师通过减少船体与水的接触来提升船速，有的帆船游艇甚至采用“飞行龙骨”（flying keels）和水翼设计，从而将船体抬出水面。这种设计并不适用于水下船艇，所以无人水下潜航器的航速依然只有几节（1 节 = 1n mile/h = 1.852km/h）而已，即使这么低的航速仍需要消耗大量动力。

大自然的巧思远胜过人类。鱼儿能在水下飞速游动，海豚还会“海豚跳”，即一系列冲出水面的高速跳跃。1936 年，生物学家詹姆斯·格雷（James Gray）计算了海豚的游泳速度，他认为在水下阻力作用下，海豚的速度不可能超过 32km/h（20mile/h），然而现实中的海豚轻松地打破了这一推测。直到 2008 年，另一位生物学家弗兰克·菲什（Frank Fish）才解开谜团，原来海豚的尾部驱动效率远远超过了人们曾经的估计。

自列奥纳多·达·芬奇时代以来，机器人专家一直在师法自然。在北京中科院自动化所，喻俊志教授带领团队对斑海豚进行建模，开发出小一号的机器海豚。机器海豚长72cm（28in）、重4.7kg（10.3lb），流线型设计，尾鳍和鳍状肢则设计为3D翼型，这种由电动机驱动的尾部设计可提供最大推力。

机器海豚有三个灵活的电动关节：颈关节、腰关节以及连接躯干与鱼尾的尾部关节。这些关节通过屈伸动作来推动机器海豚前进，而小的侧鳍负责转向。躯干中需要剧烈运动的部位使用钛材质，其余部位由铝和尼龙制成，聚丙烯制成的皮肤和鳍状肢具有高度灵活性。动力方面，锂电池可持续供电3h。

机器海豚游速可达7.2km/h（4.5mile/h），相当于每秒前进约三个体长。不过从设计角度来说，最重要的指标是机器人的“游动参数”，即尾部每摆动一次前进的距离。机器海豚的游动参数已与真实海豚相近，这说明喻教授的团队成功完成了海豚游泳机制的反向工程。机器海豚甚至能像真海豚那样跃出水面，目前还没有其他水下机器人可以做到这一点。为实现如此先进的设计，研发人员不仅要对海豚的流体力学有十分透彻的了解，还要具备使用现有材料打造出这种机器的能力。

目前的机器海豚虽然只是早期版本，但已经能够围着螺旋桨驱动的水下航行器绕圈了，就像顽皮的海豚围着人类潜水者一样。喻教授的团队正在研究动力与游速的关系，希望能让机器海豚游得更快，跳得更高、更远，同时进一步提升耗能效率。也许过不了多久，它们就会成为海洋馆的明星！

这种推进方式能让水下机器游得像鱼一样又快又稳，它终将代替目前低效的靠螺旋桨椎进的方式。新型机器人可以游得更远，动作更灵活，瞬间加速也更快。

机器海豚除了应用于科学研究，还可以在工业领域大显身手，例如检查管道、定位鱼群及检测污染。机器海豚的推进方式比螺旋桨要安静得多，因此军方也可能对此感兴趣。未来潜艇的敌人可能就要变成一群群隐蔽的鱼形水下机器人了。

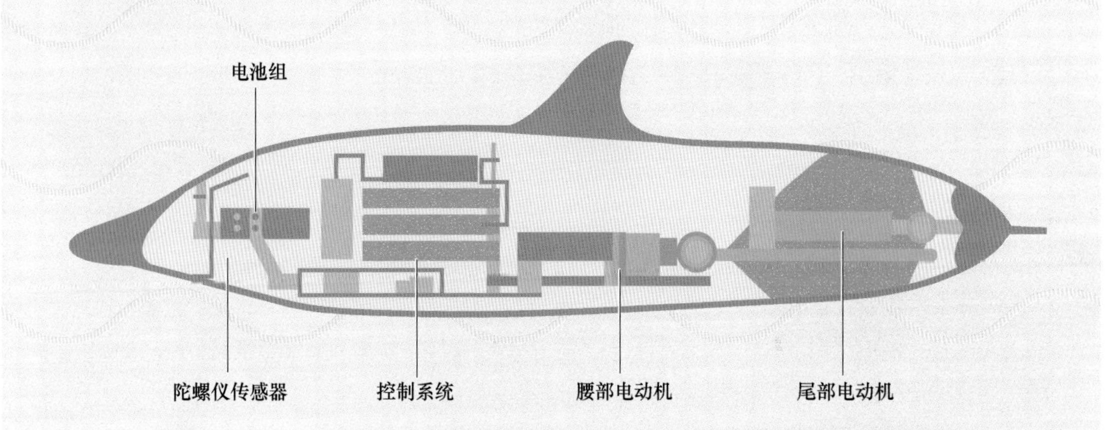
电池组
陀螺仪传感器
控制系统
腰部电动机
尾部电动机

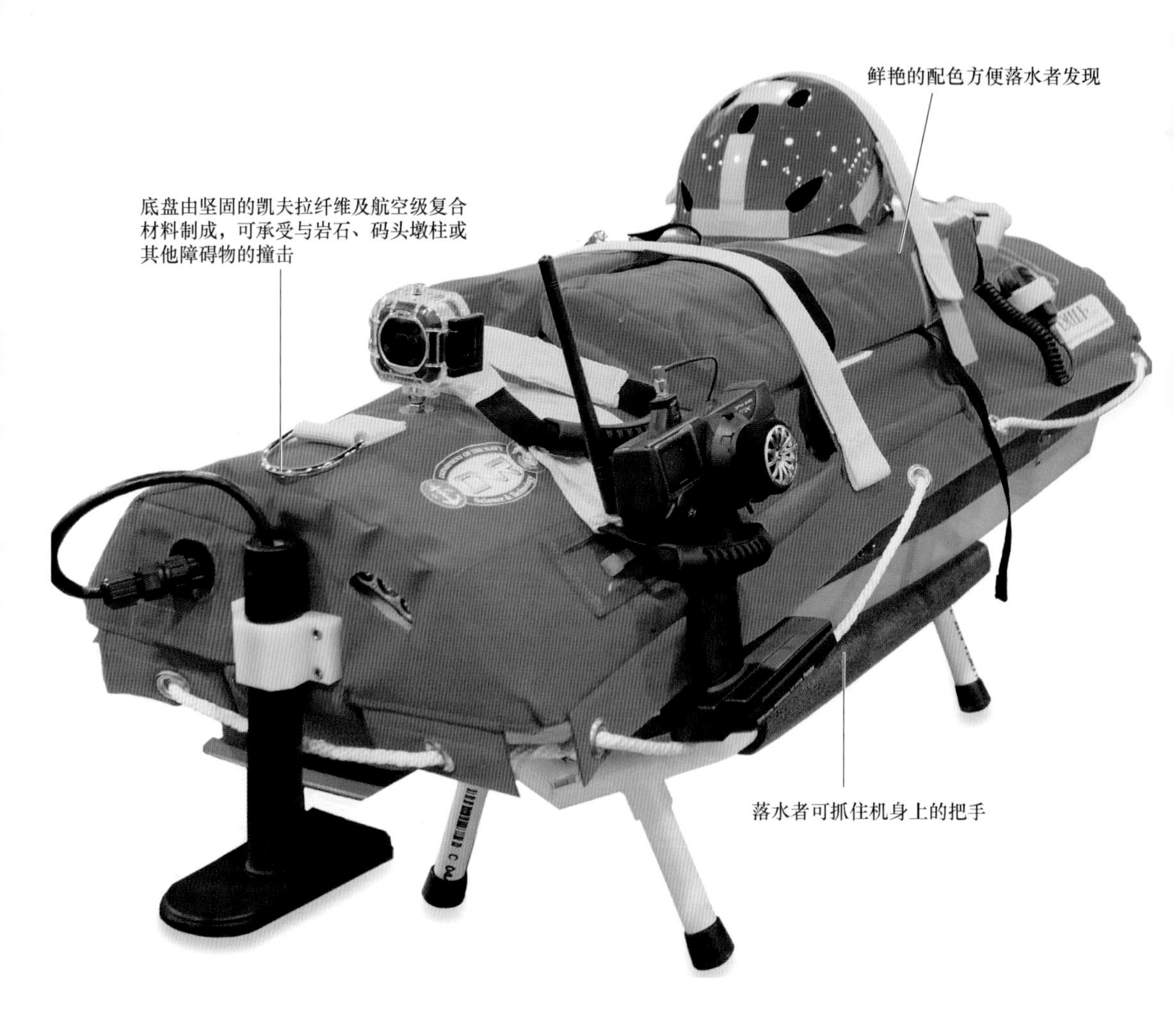
鲜艳的配色方便落水者发现
底盘由坚固的凯夫拉纤维及航空级复合材料制成，可承受与岩石、码头墩柱或其他障碍物的撞击
落水者可抓住机身上的把手

第三节 救生机器人 EMILY

高度	1.2m（3.9ft）
重量	11kg（24lb）
年份	2011 年
材料	凯夫拉（Kevlar）纤维及复合材料
主处理器	商用处理器
动力	电池组

EMILY 是一款比人类游得快的遥控救生机器人，迄今已救出几百名落水者。EMILY 这个名字是“紧急综合救生绳索”（Emergency Integrated Lifesaving Lanyard）的缩写。它长 1.2m（3.9ft），重量仅为 11kg（24lb）。单从尺寸你可能猜不出它有多大力量，EMILY 的发动机功率与摩托艇相当，在水中速度可达 35km/h（22mile/h），是最优秀的奥运会游泳运动员的 4 倍。机器人身上没有螺旋桨叶片，不会在水中缠住异物或对人员造成伤害。

美国海洋机器人公司（Hydronalix Inc.）的鲍博·劳特鲁普（Bob Lautrup）发明了 EMILY 机器人。他表示，由凯夫拉纤维及航空级复合材料制成的机体“几乎坚不可摧”。机器人坚固的结构能够抵御绝大多数的冲击，全速前进时与岩石或暗礁碰撞也不会造成损伤。人类救生员很难在 10m（33ft）高的巨浪中搜救，而 EMILY 就没问题。

操作者可以从码头或船上将 EMILY 投放到水中，甚至可以把它从直升机上扔下去，然后遥控机器人，使其抵达溺水者身边。机身浮力很强且安装了多个把手，一次可救援 6 名溺水者，机器人还携带了救生衣，可以分发给更多溺水者。

EMILY 的机身颜色为亮橙色、红色和黄色，始终直立的旗帜在海浪中清晰可见，它还配有夜间搜救灯。搜救者可通过机身上的双向无线电设备与落水者对话，减少落水者的恐慌，并通过摄影机观察水面环境，在夜间或恶劣天气下还可采用热成像仪搜寻落水者。机器人可为船只或落水者送去 700m（2300ft）长的救生绳，甚至可以自己拖拽船只——这一功能使 EMILY 在 2015 年成功救出了 300 名叙利亚难民。

据劳特鲁普讲，2009 年他们正在加利福尼亚州马里布的海滩上测试一款高度机动的水上机器人，恰好看到加利福尼亚州洛杉矶县消防局的救生员们在实施搜救，于是想到了用机器人来救助溺水者的点子。第一版机器人次年就投入使用了。

目前，世界各地已有近 300 台 EMILY 机器人在海岸警卫队或海军中服役，而更复杂、更先进的版本也即将推出。例如，由于很难从水面用摄影机观察到水下的溺水者，所以机器人将增配一个声呐传感器，技术难点在于如何降低水波干扰，让搜救人员通过简单的界面看清水下情况。与此同时，开发团队也在尝试装配其他传感器，帮助搜救人员快速定位从船上或码头上落水的人。

一个名为“智能 EMILY”（smartEMILY）的项目旨在为机器人注入人工智能（AI）。AI 可以辅助机器人分辨落水者是否存在意识——清醒的溺水者可以自行抓住机器人求生，而失去意识的溺水者需要人类救生员帮忙。

未来，EMILY 可能配备一个柔性操纵臂或者垫在人体下方的充气装置，帮助无意识或无法抓住机器人的溺水者浮在水面上。

EMILY 也许只是救生机器人团队中的一员。一些救生员在尝试使用无人机巡逻海滩、定位游泳者，甚至可以用无人机空投救生设备，在 EMILY 赶到之前确保溺水者浮在水面上。

EMILY 也许不像电视剧《海滩游侠》（*Baywatch*）中古铜色皮肤的人类救生员那样有魅力，被一台机器人救上岸的情节也显得不那么浪漫，不过生死攸关的时候，EMILY 可以成为匹敌任何人类救生员的海滩明星。

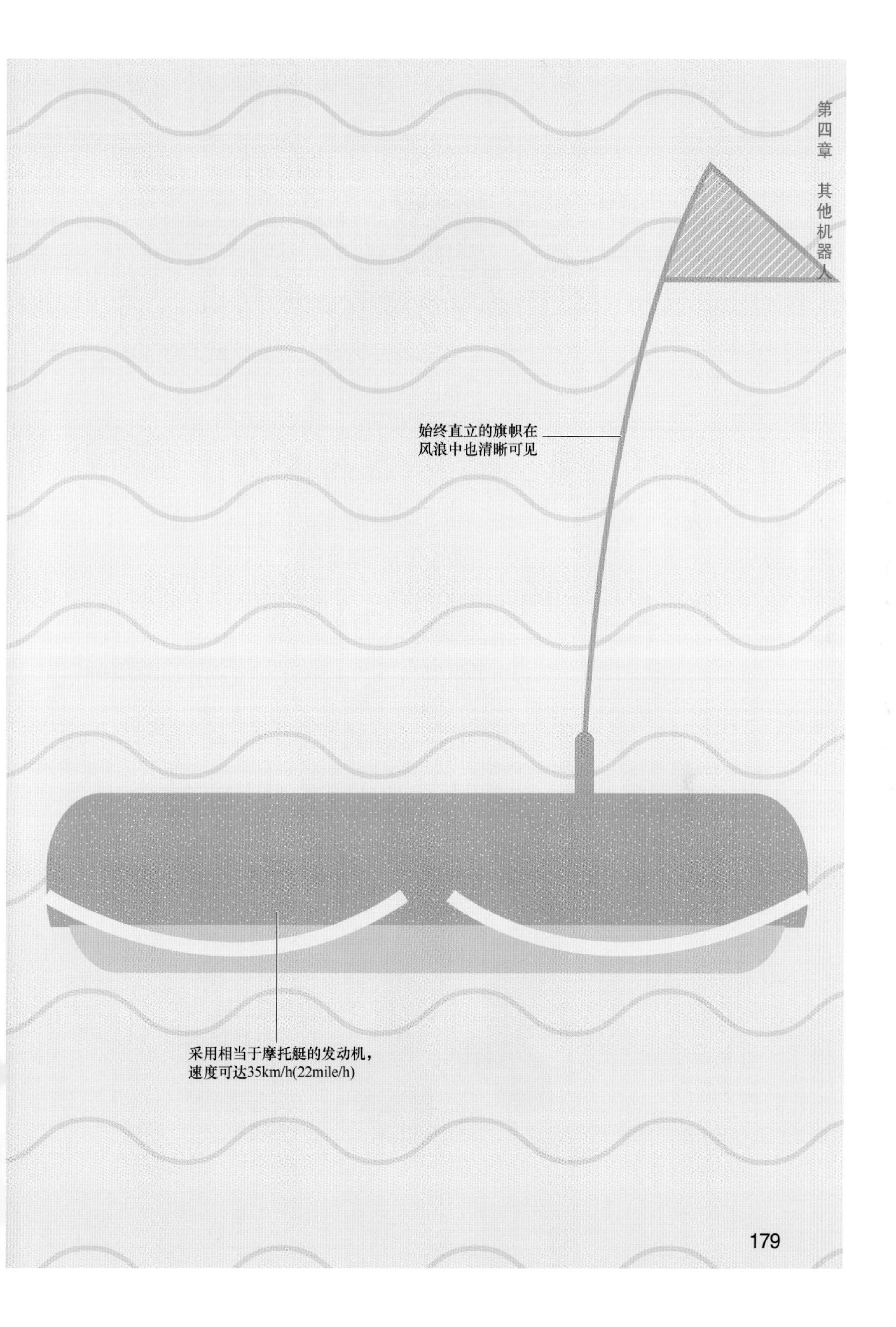
始终直立的旗帜在
风浪中也清晰可见
采用相当于摩托艇的发动机，
速度可达35km/h(22mile/h)

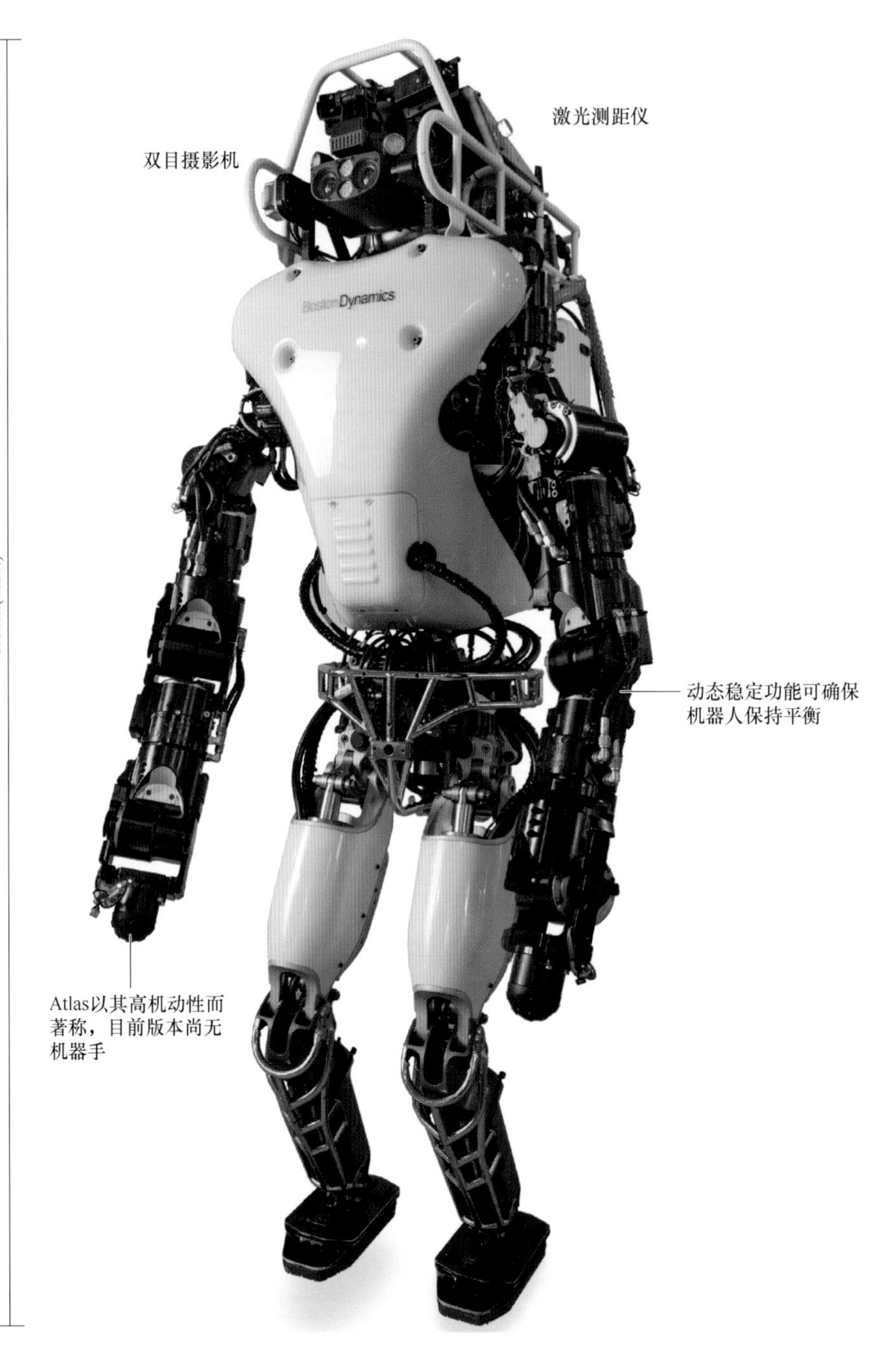
激光测距仪
双目摄影机
BostonDynamics
1.88m(6.2ft)
动态稳定功能可确保
机器人保持平衡
Atlas以其高机动性而
著称，目前版本尚无
机器手

第四节 人形机器人 Atlas

高度	1.88m（6.2ft）
重量	75kg（165lb）
年份	2013 年
材料	铝，钛
主处理器	商用处理器
动力	电池

波士顿动力公司以开发仿生机器人而闻名，迄今其研发出的最先进的类人机器人是“Atlas”。Atlas 与列奥纳多·达·芬奇设计的机械骑士一脉相承，都以通用人形机器人为目标，不过 Atlas 已实现的敏捷程度显然是机械骑士望尘莫及的。

波士顿动力公司先前开发的多款机器人，包括大名鼎鼎的“大狗”（BigDog），都是四足机器人，保持直立比较容易。而人形机器人 Atlas 是用两条腿站立，全身 28 个关节的位置与人体完全相同，由电动机驱动、液压传动。

公司 CEO 马克·雷波特（Marc Raibert）表示，他们并非直接复制生物的生理结构，而是复现生物的功能，他称之为“biodynotics”（即 biologically inspired dynamic robots，受生物启发的动态机器人。——译者注）。很多机器人实现了静态稳定性，也就是直立时，机体的质心位于足部支撑点上方。然而要想快速地运动，机器人必须能够预判下一步动作，把双脚放在保持平衡所需的位置。

“就好比跑步运动员在比赛开始前，双脚尽可能放在身体后方，以方便加速，”雷波特说，“而到终点时为了减速，双脚要位于身体前方，上身向后倾。这就是动态稳定性。”

Atlas 的步态有些特别，它一直以固定的时间间隔迈小碎步，而不会静止站着，没有目的地时也要原地踏步。机器人完成跳跃、奔跑和单腿跳动作，都有赖于动态稳定性，这与舞者和体操运动员做高难度动作的原理一致。Atlas 的平衡感不错，虽然还称不上完美，但快要滑倒或者被猛推一把的时候，它都能恢复到直立状态。它像人类一样随时调整重心，在脚下地面晃动或者不平坦时也可以站稳。就算摔倒了，Atlas 也能站起来，无须外界辅助；它还能从地上搬起沉重的箱子，放到高处的架子上，这个动作对平衡感的要求相当高。

Atlas 用双目视觉传感器和激光雷达（参见第一章第九节管道巡检机器人系统）感知周围环境、避开障碍物，但它目前还离不开人类操作者。波士顿动力公司尚未具体说明该机器人的自主程度到底有多高。

最崎岖的地形，Atlas 也能适应，需要攀爬障碍物或匍匐前进的时候，它可以用手撑地并维持平衡。开发者希望 Atlas 最终能够以单手为支撑点，纵身一跃抓住下一个支撑点，希望机器人的攀岩和越野能力能超过人类。

从 2015 年 DARPA 机器人挑战赛的赛况来看，Atlas 还没有达到上述水平。受 2011 年日本福岛核电站泄漏事故启发，挑战赛模拟了核辐射污染区域的场景，要求参赛机器人操纵控制装置稳定核反应堆，开关阀门并清理废弃物。也就是说，机器人要能够驾车、爬梯子、用工具打破混凝土面板，还要会开、关门。这些操作对人类而言轻而易举，对机器人则颇有难度。比赛结果表明，机器人还不完全具备执行此类任务的能力，例如，它们不会用扶手，因此无法穿越某些障碍物。

DARPA 机器人挑战赛之后，波士顿动力公司于 2016 年推出了功能更强的 Atlas 升级版。新版 Atlas 的研发尚未结束，是一个试验平台而非定型产品。Atlas 也许不会商业化，但它用以实现动态稳定性、灵敏性和任务操作技能的技术，将应用于未来的商业化机器人中。

雷波特说：“我们的长期目标是让机器人像人类一样身手敏捷，拥有比肩人类的感知力和智商。”这样的机器人可以处理紧急事件，可以用于工业生产，还可以在家中当帮手，几乎无所不能。

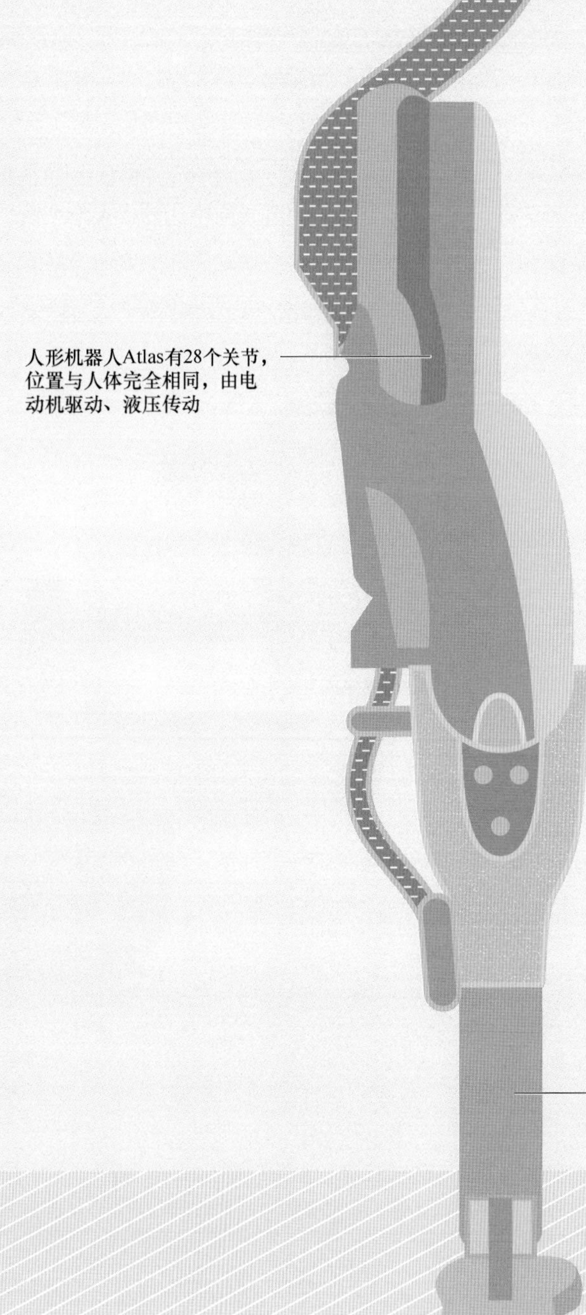

人形机器人Atlas有28个关节，位置与人体完全相同，由电动机驱动、液压传动

Atlas会不断调整重心位置，在脚下地面晃动或者不平坦时也可以站稳

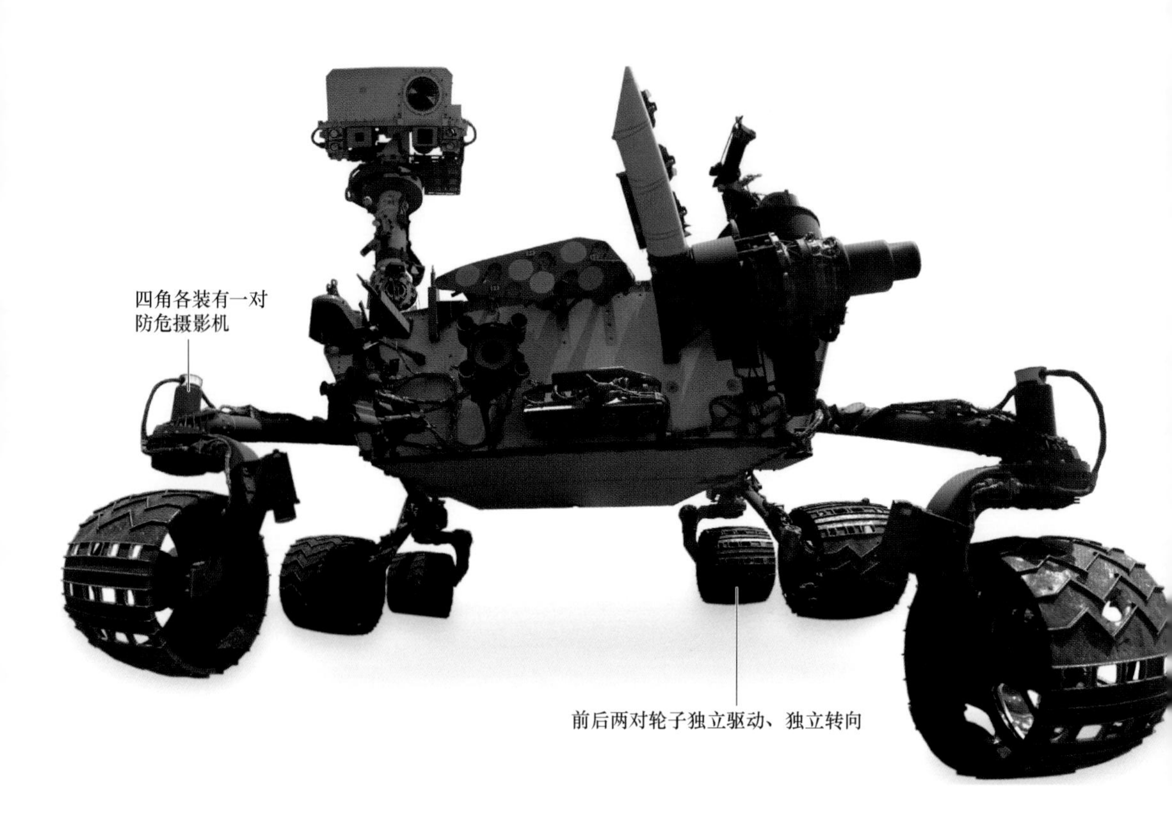
四角各装有一对
防危摄影机
前后两对轮子独立驱动、独立转向

第五节 火星探测车“好奇号”

高度	2.2m（7.2ft）
重量	899kg（1981lb）
年份	2012 年
材料	钛
主处理器	RAD750
动力	放射性同位素电池

既然机器人擅长“危险又乏味的粗活”，那么探索火星的任务完全应该交给它们。之所以说星际探险是粗活，是因为探险者要长期暴露于有害辐射中；之所以说危险，是因为星际航行的风险很大——已有 26 次火星探险以失败告终；之所以说乏味，是因为一趟旅程耗时七个月。机器人不仅不怕脏、不怕危险、不介意乏味，还不需要返回地球。考虑到从火星返回地球的高昂成本和高复杂度，火星探险任务至今都只能由机器人来执行。

NASA 的“好奇号”（Curiosity）火星探测车于 2012 年 8 月着陆火星，目前依然功能强劲。“好奇号”作为目前最先进的行星探索机器人，配备了多种科学仪器，用以寻找火星上的生命痕迹。“好奇号”的前辈是 NASA 于 1997 年发射的“旅居者号”（Sojourner）和 2003 年发射的“勇气号”（Spirit）以及“机遇号”（Opportunity）。“旅居者号”仅 11kg（24lb），“勇气号”和“机遇号”重达 180kg（396lb）；而“好奇号”约一辆小汽车的大小，长 3m（9.8ft）、重达 899kg（1981lb），功能也远远超过了先前几辆火星车。

“好奇号”有三对大轮子，前后两对独立驱动、独立转向。与寻常机器人不同的一点在于，它用放射性同位素电池（即核电池）供电。这种电池十分昂贵，而且对地球的环境危害很大，不过十分适合在火星上使用，电池寿命近乎无限长。即使有了核电池，“好奇号”的行进速度依然十分缓慢，最高为4cm/s（1.5in/s），还不及乌龟爬行速度的一半。

NASA 历时数年、耗费数十亿美元，才将“好奇号”送上火星。任何一个失误都可能让机器人翻倒、卡住或者损坏，导致任务终止；而无线电信号在地球和火星之间传输需要4～24min 不等，这意味着操作者无法实时控制“好奇号”，必须提前规划好每一个步骤，小心细致地一步一步执行。

“好奇号”至少配有11套摄影机模组，其中机体的四角各装有一对防危摄影机（简称 hazcams），用于避开意外出现的障碍物；桅杆上有两对导航摄影机（简称 navcams），为路径规划模块提供远距视觉信息。还有各种科学研究用的摄影机，例如广角全景摄影机。

“好奇号”上一共有重约80kg（176lb）的科学仪器。其中一个装置用于发射超细激光束，能将7m（23ft）之外的岩石加热、汽化；令人惊叹的是，机身装载的仪器可以根据岩石汽化时所产生烟雾的光谱判定岩石成分。“好奇号”的机械臂包含肩、肘和腕关节，能够拾起并检查矿物样本。机器臂末端是安装了一整套工具的转塔，其中有火星手持透镜成像仪（Mars Hand Lens Imager，MAHLI），相当于“好奇号”的放大镜，能够看清矿物样本上比人类头发丝还细的图案细节；还有一台岩石钻孔机、一把刷子和一个用以挖起岩石粉末或土壤样本的装置。机器人还装有一个辅助探测水的中子源（科学家认为水是宇宙生命的必需要素），甚至还有分析矿物样本、采集火星大气样本的微型实验室。

“好奇号”上的一切设计都以坚固耐用、高度备份为原则。例如，有两台中央控制计算机，其中一台发生故障，另一台会自动接管。

“好奇号”的每一项新发现都会引出新的科学问题，目前它在火星表面只钻出了5cm（2in）的洞。科学家认为，想要在火星上找到远古生命痕迹，必须钻探到很深才行。NASA 已经在规划研制更加复杂先进的火星探测车了。

等“好奇号”将火星探索一遍、绘出地图并充分分析之后，人类宇航员终有一天也会登上火星。

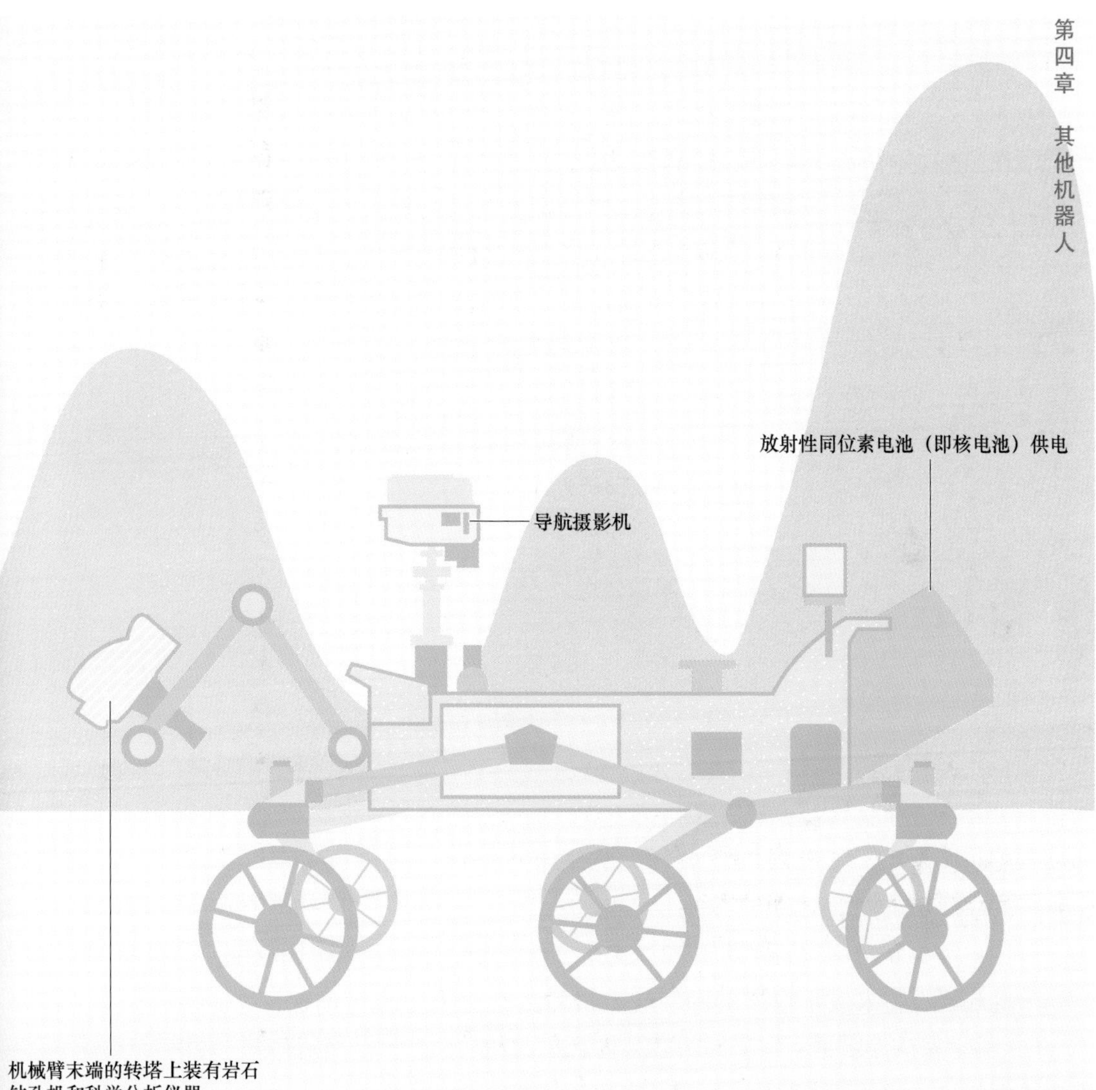
放射性同位素电池（即核电池）供电
导航摄影机
机械臂末端的转塔上装有岩石
钻孔机和科学分析仪器

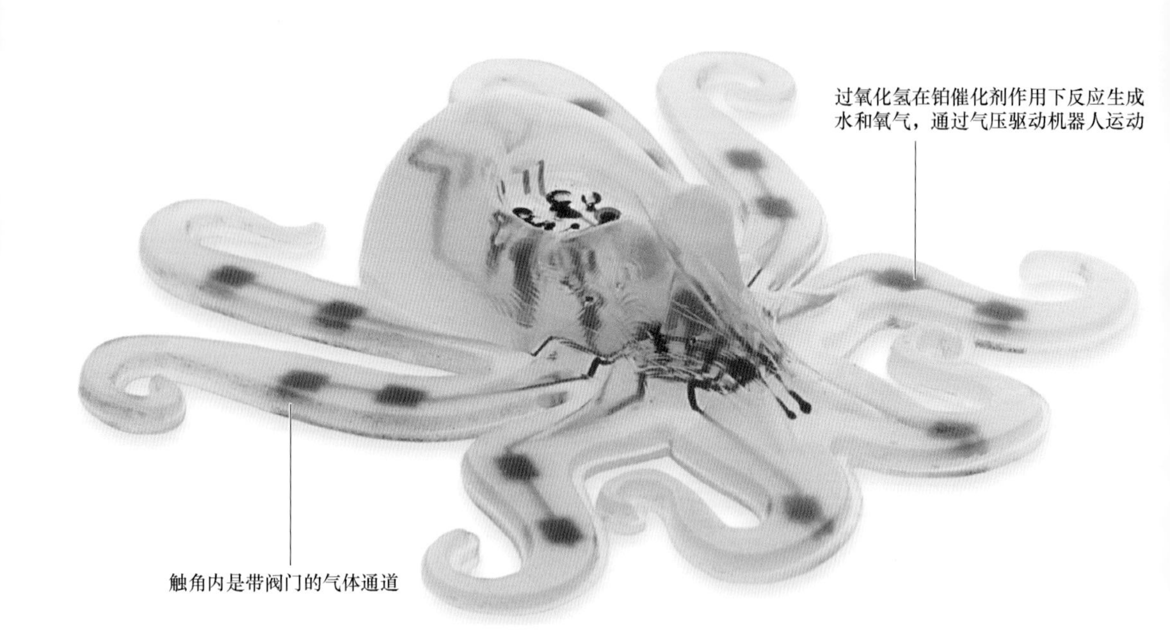
过氧化氢在铂催化剂作用下反应生成水和氧气，通过气压驱动机器人运动
触角内是带阀门的气体通道

第六节
柔性章鱼机器人 OctoBot

高度	约 2cm（0.8in）
重量	6g（0.2oz）
年份	2016 年
材料	硅橡胶
主处理器	无（软质计算机）
动力	化学反应

机器人和其他机器一样，通常由金属、塑料等硬质材料制成，仅在关节处具有自由度，这就是为什么开发者要花大力气研究关节的工作和控制原理。然而，自然界中并没有那么多刚性设计，从章鱼触角到大象鼻子都是柔性操纵器，有些动物甚至用长长的舌头来捕捉昆虫或撕碎叶子。

控制柔性操纵器比控制刚性机械装置要简单易行得多。例如，让机械臂握住门把手并转开门需要复杂的编程，对机械臂相对门把手的位置以及手指的位置都有很高要求，然而一只触角只需要缠住门把手并扭动就可以了。柔性机器人比刚性机器人更擅长处置水果之类的易损农产品，或者协助住院病人。

迄今为止，最复杂的柔性机器人是由哈佛大学罗伯特·伍德（Robert Wood）教授及其同事开发的章鱼机器人（OctoBot）。这款机器人乍一看像个玩具章鱼，小到可以握在手里，它由 3D 打印的硅橡胶组件制成。在半透明的机体内，机器章鱼肢的微型通道中充满了流动的荧光染料，仿佛一座波普艺术雕塑。章鱼机器人不仅触角柔软，它的整个机体都是柔性的，不含电池、电动机、芯片或其他任何电子器件。它的“大脑”是由压力控制阀和开关组成的一套柔性微流体回路，信号传递不依赖电子在电路中的运动，而是靠液体在管道中流动。

此前的柔性机器人往往连着一根液压管或气动管，章鱼机器人则没有，完全能够自由移动。机器人通过化学反应驱动：过氧化氢在铂催化剂作用下反应生成水和氧气，机体内气压升高，章鱼肢便充气伸展，就像水压使软管伸直膨胀一样。在“大脑”阀门和开关的控制下，所有机器肢分成两组交替伸展：一组机器肢中的气压达到阈值时，该组对应的阀门关闭，另一组机器肢的阀门打开，让气流进入，如此交替进行。

章鱼机器人可执行一系列预编程的操作，1mL 过氧化氢供能可支持 8min。尽管目前机器人还没有任何实际的应用，但它实现了自备式推进，演示了柔性机器人学的潜力，可供其他研究者参考，对未来更加复杂的柔性机器人也有借鉴价值。“此后的机器人将具有更复杂的行为，不仅增加传感器设备，还会在章鱼肢中引入更多的关节，实现简单的运动，”伍德教授称。

章鱼机器人的另一大显著特点是结构简单，因而成本十分低廉：组件成本不足 2 英镑，其中铂催化剂占大部分。开发人员迈克尔·韦纳（Michael Wehner）称，机器人的成本优势使得群体应用成为可能，例如，协作搜救时，可以派遣一群柔性机器人钻过瓦砾寻找幸存者。

柔性机器人的保形性是研究者的研发目标之一：机器人可以穿过窄缝，挤进任何可用空间。DARPA 考虑过将柔性机器人渗入敌方阵营——从门上的信箱口或门缝滑进去，或者从风道进入建筑物中。微型柔性机器人还可能用于医疗领域，它们能比刚性机器人更安全便捷地进入患者体内。

机器人完全柔性或许还不现实，但柔性操纵器已经可作为刚性机械臂的替代品了。人类与机器人协同工作时，柔性臂比刚性臂更安全，柔性臂也可能用于看护老年人。未来，机器人与人类打交道的机会越来越多，那么它们越温柔越好。

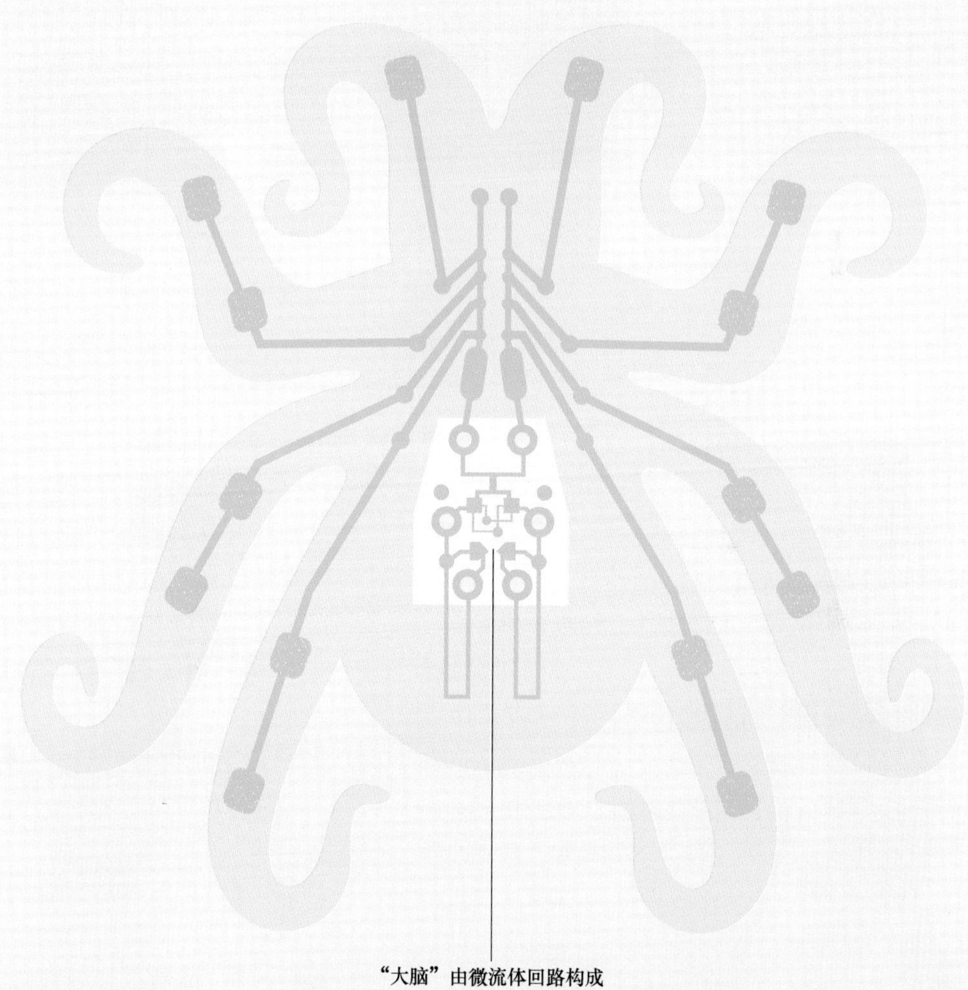
“大脑”由微流体回路构成

面部由硅橡胶仿生皮肤
材料Frubber制成
面部驱动器
产生表情
手臂可移动

第七节 仿人对话机器人 Sophia

高度	1.75m（5.75ft）
重量	20kg（44lb）
年份	2015 年
材料	面部为硅橡胶仿生皮肤材料 F’rubber
主处理器	商用处理器
动力	电池

机器人索菲亚（Sophia）看起来有些怪异。它如电影明星般的面庞可能让你想到奥黛丽·赫本（Audrey Hepburn），制造商汉森机器人公司（Hanson Robotics）称它拥有“高颧骨、神秘的微笑，深邃传情的眼睛”。Sophia是一款会表达情绪的互动娱乐机器人，已在诸多脱口秀中展示了会话技能。

仿人机器人历史悠久，最早可追溯到公元1世纪，亚历山大港的希罗（Hero of Alexandria）制造了全自动木偶剧院。中世纪出现了会敲钟或做其他动作的机械人偶“杰克”（Jack），而达·芬奇发明的机械骑士是这类机器人中较为复杂的版本。

20世纪60年代，华特·迪士尼（Walt Disney）开发出逼真的移动机器，将其命名为“动画人偶”（animatronics），并在其主题乐园中投入使用。迪士尼最早的一件作品是模仿亚伯拉罕·林肯（Abraham Lincoln）总统的动画人偶，总统演讲的声音由人类演员预先录制好，通过预先编程，保证机器人嘴唇的开合与话音同步，还能在对应的时刻展示面部表情与手势。

Sophia是仿人机器人的最新版本。它与没有思考能力的遥控机器人Geminoids（见第四章第十二节类人机器人GEMINOID HI-2）不同，它具备人工智能（AI），采用互联网聊天机器人所用的技术，能提供与人类对话相仿的自然语言对话。

汉森机器人公司 CEO 罗伯特·汉森（Robert Hanson）指出，人类大脑的大片区域都用来识别和响应面部表情。尽管“90% 的沟通都是非语言沟通”这一说法并不准确，但非语言沟通依然十分重要。能够做出并理解面部表情的机器人，比起只能用语音和屏幕交互的机器人，可算是一大进步，对儿童和不熟悉计算机的老年人尤其有帮助。

汉森最初从迪士尼的幻想工程（Imagineering）公司起家，自 2003 年开始，逐步完善其机器人设计，不仅开发了一种硅橡胶仿生皮肤材料“F'rubber”，还设计了一组驱动系统，用以产生面部表情以及按照录音配口型。汉森没有公布 Sophia 机器人的详细工作原理，但他此前开发的机器人就已经有 20 个面部驱动器了。Sophia 可以移动头部和颈部并做出手势，足以满足对话的要求，而且它还能玩石头剪子布的游戏。

Sophia 本质上是一个聊天机器人的硬件界面。聊天机器人是一种理解并模仿人类对话的软件，从 2016 年开始在互联网上风靡一时。苹果公司开发的 Siri 和微软公司开发的微软小娜（Cortana）都是基于聊天机器人技术的智能软件，每天为上百万人提供帮助。聊天机器人有两种原理：一种是基于复杂的规则，需要大量且复杂的编程工作以定义规则；另一种是通过学习庞大的人类对话数据库来产生对话的输出。Sophia 的语音与 Siri、微软小娜一样充满机器感，不能像人类讲话者那样自然变调。

Sophia 凭借事先写好的回复脚本以及在每种场合下的预定义表演，让许多电视节目主持人既感到惊喜又有些害怕。2017 年 6 月，英国独立电视台（ITV）《早安英国》（*Good Morning Britain*）节目的几位主持人显然受到了惊吓，主持人皮尔斯·摩根（Piers Morgan）慌乱地说“（Sophia 机器人）真是吓到我了”。美国《今夜秀》（*The Tonight Show*）节目主持人吉米·法伦（Jimmy Fallon）也发表了几乎相同的评论。这说明恐怖谷效应的确在起作用（见本书 Geminoids 一节）。

从汉森的工作背景和 Sophia 机器人目前的呈现方式来看，Sophia 最可能的应用领域是娱乐业。迪士尼乐园中的动画人偶林肯每天接待的游客数量超过了任何一位人类演员，而 Sophia 这样的机器人也是电视节目主持人或访谈记者的理想人选。此外，上千家机构和组织需要制作大量宣传片，机器主持人虽然略显机械，但它不犯错误且十分职业化，还能与摄像设备一起出租，看起来可以与人类主持人一争高下。从公众的反应来看，Sophia 机器人尚且不能被更广泛的人群接受，不过未来几年很可能会发生变化。

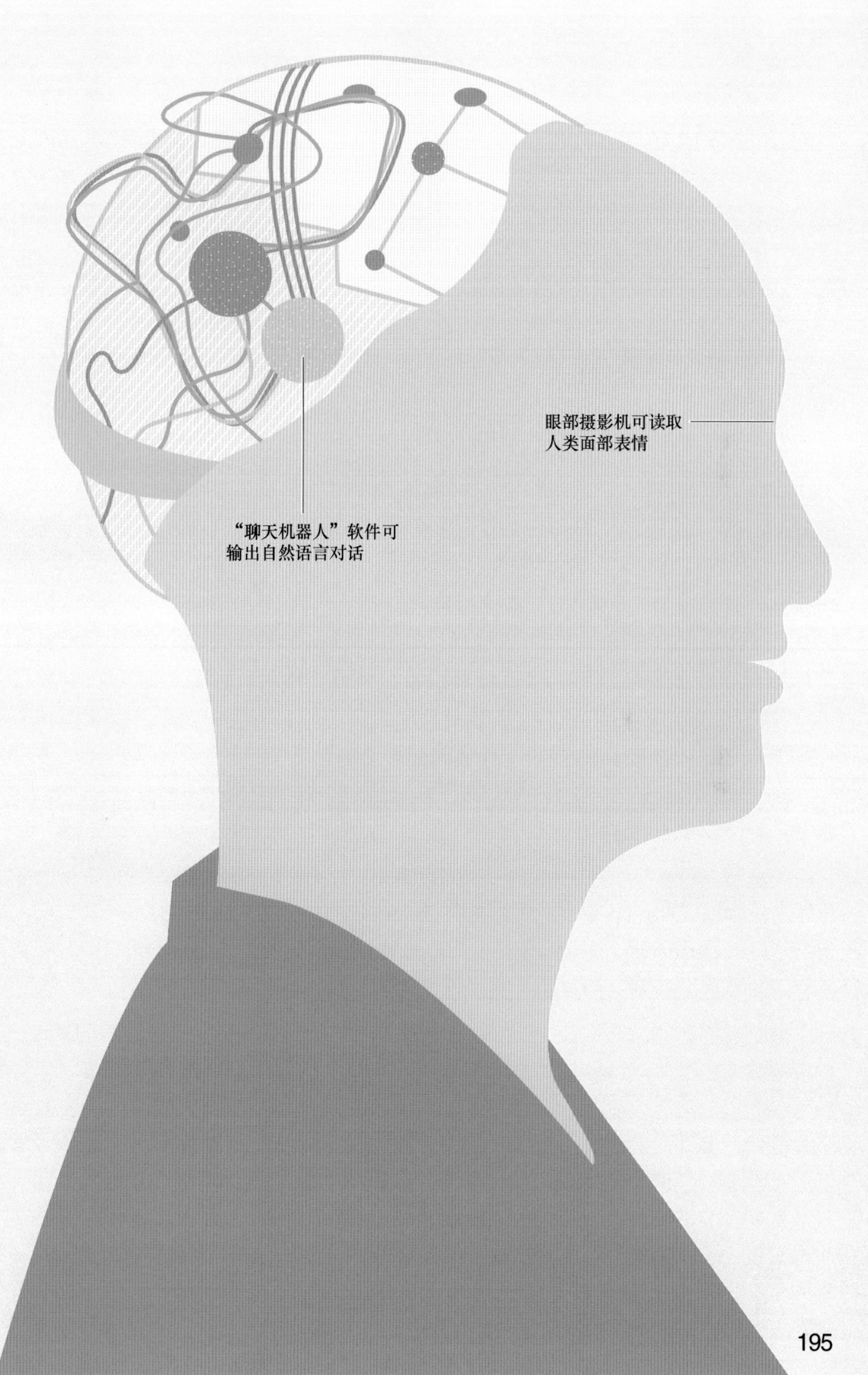
眼部摄影机可读取
人类面部表情
“聊天机器人”软件可
输出自然语言对话

操作者通过GPS和无线电
通信设备跟踪水下滑翔机
水下滑翔机没有螺旋桨，
由浮力发动机驱动

机翼用于空中飞行
和水下滑行

第八节
“飞潜者”滑翔机

高度	2m（6.5ft）
重量	25kg（55lb）
年份	2017 年
材料	复合材料
主处理器	未公开
动力	电池

水下滑翔机是一种缓慢、稳定前进的无人潜艇，携带着传感器抵达海洋深处。它们通常长得像有翼鱼雷，长约 2m（6.5ft）。水下滑翔机与多数水下机器人不同，既没有绳索，也没有人类在附近遥控操作，完全自由航行，它们偶尔浮上海面，通过卫星信号与操作者交换数据。滑翔机由电池供电，可持续航行数周乃至数月。最新版滑翔机还能够飞行，兼顾了速度与续航能力。

水下滑翔机不用螺旋桨，而是由浮力发动机驱动。发动机将少量油从外部油囊泵入内部油囊，从而降低浮力，使滑翔机下沉。有翼设计意味着滑翔机不会垂直下降，而是一边下降一边向前滑行，前进速度通常低于 1.6km/h（1mile/h）。滑翔机可以下沉到水下 1000m（3280ft）处，再将等量油从内部油囊泵入外部油囊，从而增加浮力，使机体以相同速度上浮。这种行进方式虽缓慢却十分经济。2009 年，美国罗格斯大学（Rutgers University）的“红衣骑士”（Scarlet Knight）滑翔机用 7 个月横穿了大西洋，其间仅充电一次。

水下滑翔机十分耐用。有些水下滑翔机完成任务归来时，在机体上竟发现多处鲨鱼咬过的痕迹。滑翔机丝毫不惧风暴和巨浪，但它们最担心遇到渔网，不过操作者可以通过 GPS 和无线电通信追踪它被捕捞上岸的位置，与渔民交涉后通常可以取回来。到目前为止，滑翔机见证过水下喷发的火山，近距离考察过冰山，还遇到过飓风并幸存了下来。有些滑翔机负责长期跟踪 2010 年墨西哥湾上“深水地平线”（Deepwater Horizon）石油钻井平台的原油泄漏，有些携带辐射传感器去检查福岛核电站的核泄漏情况，有些配备了水声传感器，可精确定位被标记的鱼或者偷听鲸类唱歌，还有些参与气候变化的研究，测量不同海水层的温度，绘制藻类丰度地图。Teledyne Webb 公司的“风暴滑翔机”（Storm Glider）潜伏在飓风易发区域，在极端天气时浮出水面读取数据，而中国研究人员研制的一种滑翔机能够探索 6000m（19685ft）深海。

水下滑翔机最早的研究者是美国伍兹霍尔海洋研究所（Woods Hole Oceanographic Institution）的道格·韦伯（Doug Webb）和亨利·斯托梅尔（Henry Stommel）。自 1991 年出现第一架无人滑翔机以来，滑翔机的设计越来越成熟。到 2002 年，全世界范围内有 30 架无人滑翔机，现今已有数百架，未来还将制造数千架。

水下滑翔机的速度很低。不过美国海军研究实验室（US Naval Research Laboratory）开发的“飞潜者”滑翔机（Flying Sea Glider）也许能够突破这一限制。正如其名所示，“飞潜者”既能在水上飞行，又能在水下滑行，由于空气动力学原理在水上和水下均适用，因此可以设计一种机身，同时适应两种推进模式。

“飞潜者”可从飞机或船上投放到水里，电动机驱动的螺旋桨可带动滑翔机飞到 160km（100mile）外的作业海面。抵达预定地点后，滑翔机像鹈鹕捕鱼一样垂直潜入水里，海水通过多个小孔进入中空的机翼和机体内的其他空间，很快达到中性浮力状态，随后就可以像其他水下滑翔机一样工作了。

监测原油泄漏、核泄漏或飓风路径时，往往需要多架滑翔机快速就位，这时候飞行功能就十分有用。滑翔机能够长期监测一直到被打捞出来，因此军方可以空投大量滑翔机以定位敌方潜艇。

海军研究人员正在考虑滑翔机离开水面、重新起飞的可能性，目前这一功能尚未实现，一旦实现了，滑翔机将具有近乎无穷的机动性和续航能力，安装太阳能电池后更是如此。并且，研究者也考虑利用声学通信技术给多架滑翔机编队，组成水下传感网络，这将为人类了解神秘的海底世界打开一扇巨大、永久的窗户。

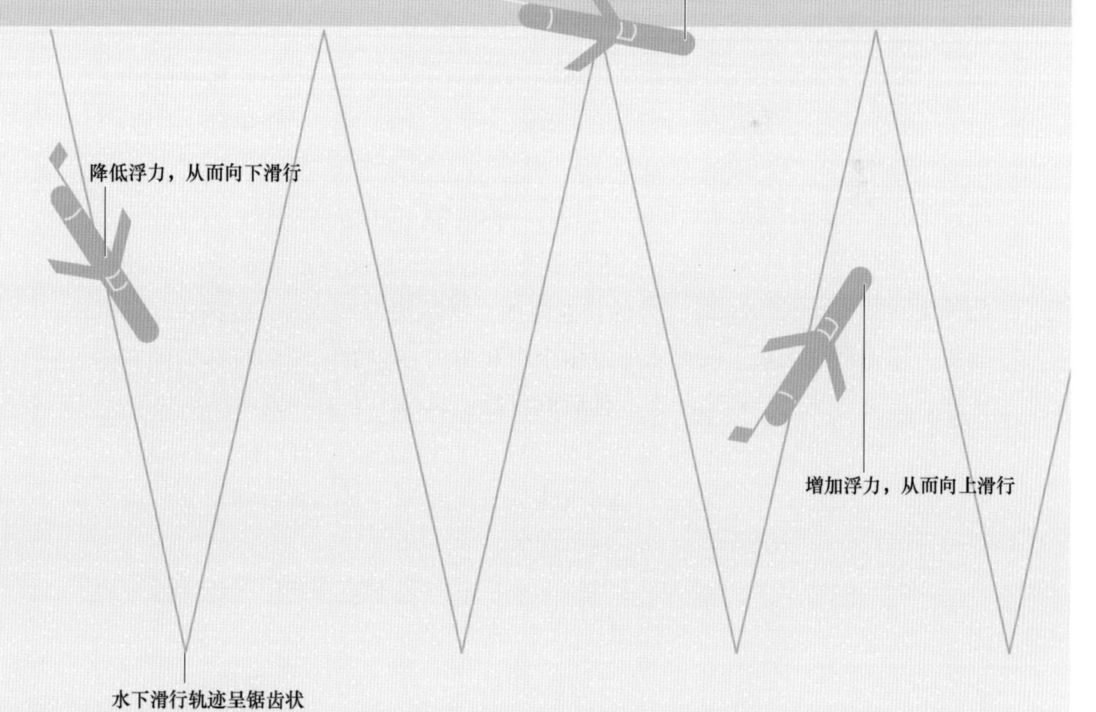
滑翔机可飞行160km(100miles)，
然后垂直潜入水中
浮出水面，通过
卫星链路通信
降低浮力，从而向下滑行
增加浮力，从而向上滑行
水下滑行轨迹呈锯齿状

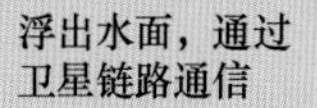

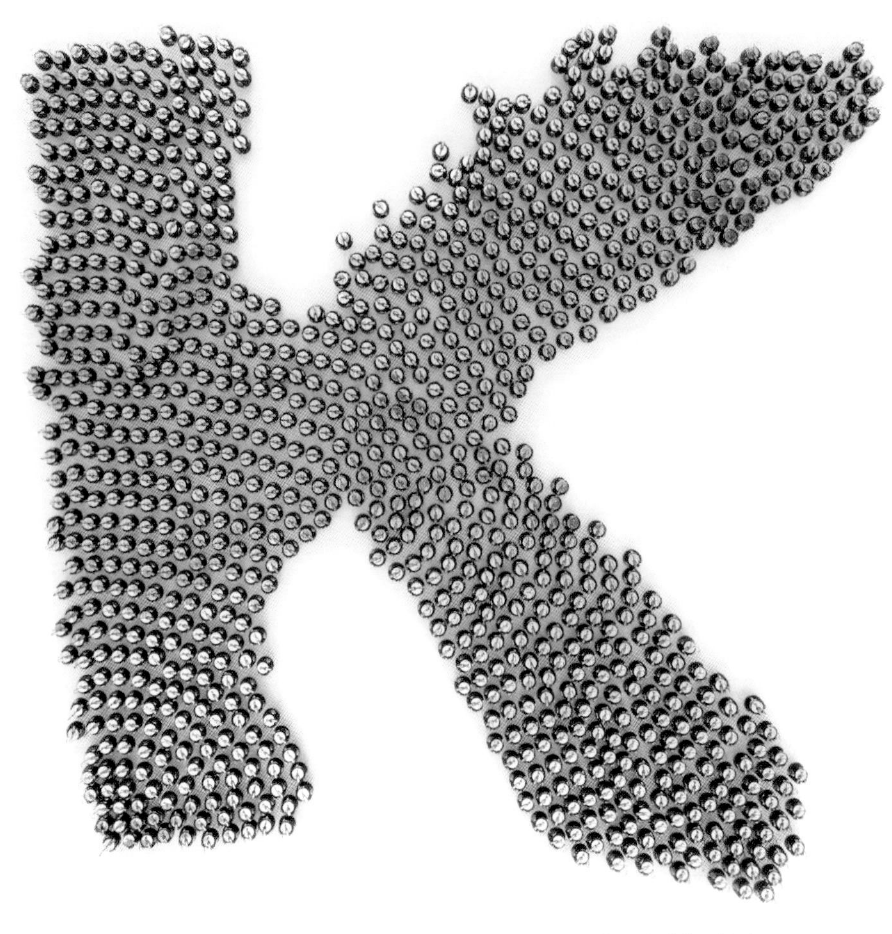

机器人群集可按需
组成任意形状

第九节 云集机器人 KiloBot

高度	3.4cm（1.3in）
重量	4g（0.15oz）
年份	2015 年
材料	金属
主处理器	ATmega 328P（8bit @ 8MHz）
动力	电池

云集机器人（KiloBot）是一个乒乓球大小、由电池驱动的小东西，通过震动四条腿，每秒可前进约 1cm。单个云集机器人看起来并不起眼，但它却是组成大型群体的一块积木，群集效应才是它的妙处。

自然界有许多种昆虫喜欢群集。蜂群能在一大片区域中高效觅食，发现花源的蜜蜂会及时通知其他同伴；沙漠蚁协同工作时，可承载相当于自重 50 倍的负荷；白蚁身长只有几毫米，却能合作建造出几米高的巨型土丘，内部还有复杂精密的通风系统。上面例子中，每类昆虫的个体都只能执行相对简单的操作，而群体却能表现出十分“智能”的行为。

利用群集效应，低成本小型机器人组成的群体能够完成大型机器人都无法胜任的任务。机器人群体具有鲁棒性：个体发生故障了，群体依然可以正常工作。相反，如果只有单个机器人，一旦电动机损坏或者电缆松脱，都会导致任务中断。

软件行业应用群集方法已经很久了，例如，有些搜索引擎会派出成群的“软件代理”（software agents）来定位数据。机器人行业应用群集效应的成本高、开发难度大，同时管理大量机器人的问题复杂度也很高。群集中的每个机器人都需要充电、起动、加载相应的软件，个体数量越多，这一过程耗时就越久。因此，实验室中的机器人群集通常只有几十个个体。

哈佛大学由迈克尔·鲁宾斯坦（Michael Rubenstein）带领的研究团队希望尝试更大规模的机器人群集，因此开发出了低成本的云集机器人（Kilo-Bot），前缀“Kilo-”意为“1000”。机器人由小型锂纽扣电池驱动四条震动腿，前进速度约为每秒 1cm（0.4in），转弯 90°需要 2s。机器人配有基本款商用处理器、实现通信和感知功能的红外收发器、发射信号的 LED 灯以及光传感器。每个机器人的零件成本仅 10 英镑，组装仅需 5min 左右。

组装后的云集机器人便“可扩展”了：它们不需要单独管理，管理 10 万个机器人与管理 10 个的工作量相当，操作者可通过红外通信设备一次起动或关闭整个群体，或者一次为整个群体升级软件。充电时，只要将所有机器人围在两块充电板之间即可。

实现群集行为的关键在于为群体制定一组规则。每个个体的行为都会影响其他个体，当群体扩散或聚集的时候，个体之间会产生复杂的互动。因此，不能只在计算机上对群体行为建模，必须采用实际硬件来测试群体行为是否符合预期。

云集机器人群体能够沿预定路径行进，或者组成特定形状，或者均匀散开并填满某一区域的各个角落。这些简单任务是机器人群集实际应用的基础，例如农业机器人除草、军事机器人巡逻。云集机器人为研究者提供了一个便捷的软件测试平台，在耗资百万启动一个群集项目之前，不妨先用云集机器人验证下群集的分散与重组算法是否有效。

群集机器人已经走出实验室，进入了初步应用阶段。英特尔（Intel）开发的“流星”（Shooting Star）四轴飞行器可以替代传统烟花，还可以用闪烁的彩色 LED 灯在空中编队做表演。2017 年超级碗（Super Bowl）中场秀上，歌手 Lady Gaga 在 400 架无人机的包围中献唱。同时，美国军方尝试用微型空投无人机“山鹑”（Perdix）组成群集，突破敌军防御。

小型机器人群集可以代替大型机器人完成修剪草坪、擦窗户之类的工作，而未来的微型医疗机器人群集可以代替外科医生，进入患者体内完成手术。因此，现阶段用云集机器人作为测试平台验证基础软件的可靠性，意义尤为重大。

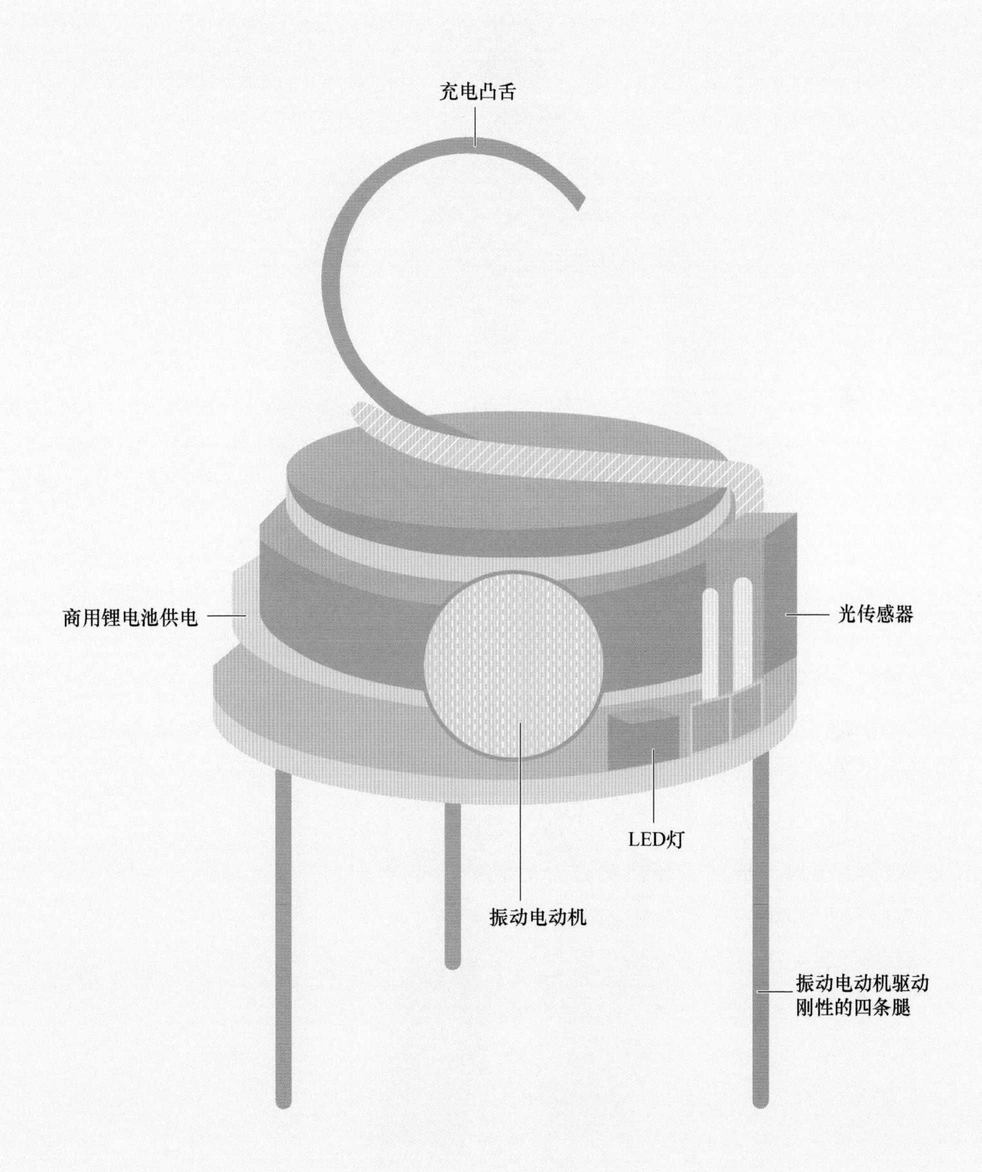
充电凸舌
商用锂电池供电
光传感器
LED灯
振动电动机
振动电动机驱动
刚性的四条腿

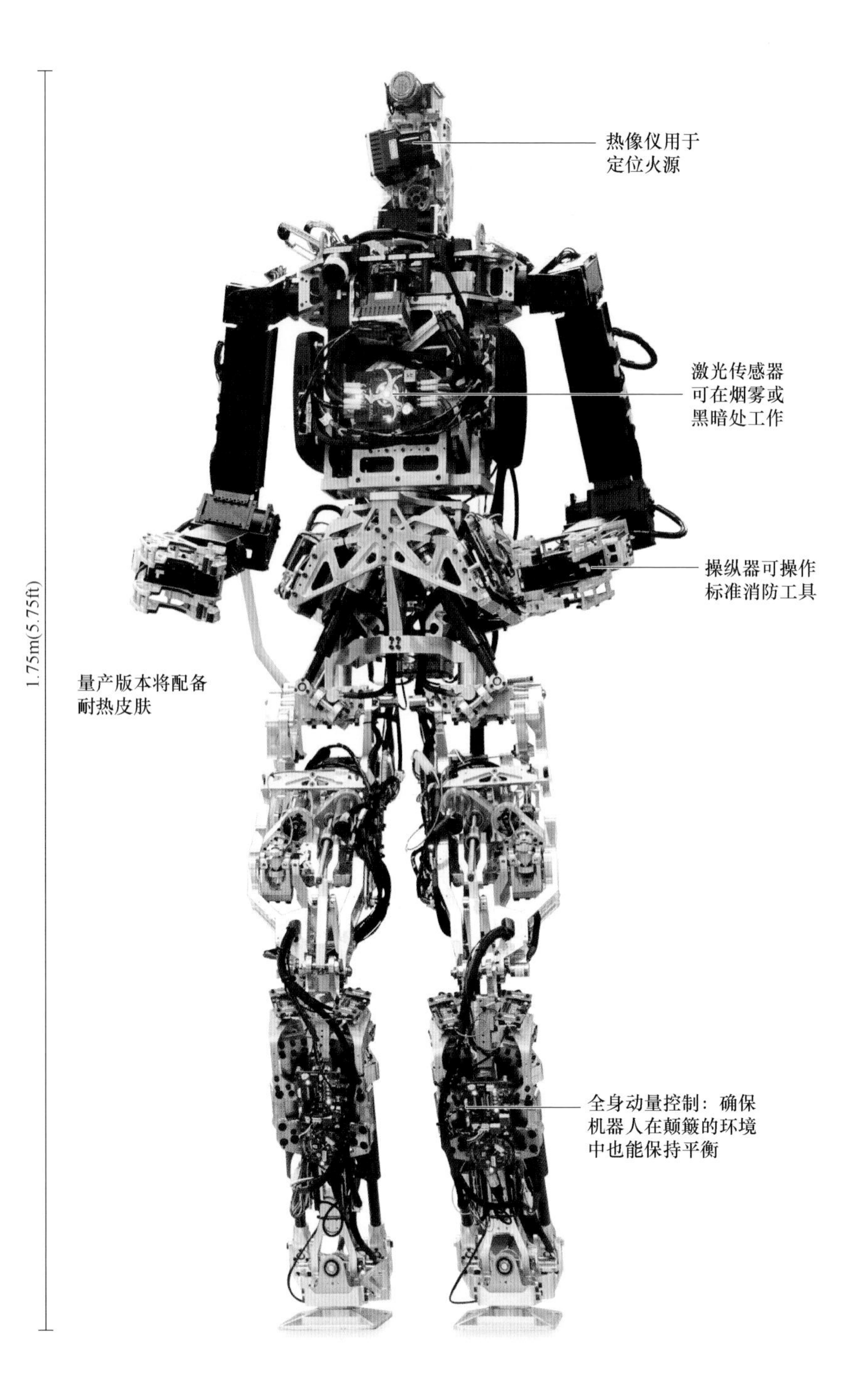
热像仪用于
定位火源
激光传感器
可在烟雾或
黑暗处工作
操纵器可操作
标准消防工具
1.75m(5.75ft)
量产版本将配备
耐热皮肤
全身动量控制：确保
机器人在颠簸的环境
中也能保持平衡

第十节
舰载消防机器人 SAFFiR

高度	1.75m（5.75ft）
重量	64kg（141lb）
年份	2015 年
材料	钢
主处理器	未知
动力	外接电源

“伤害控制”（damage control）是指军舰遇袭时，船员采取的一系列维持船只正常运行的操作。然而，这一说法无法体现遇袭现场的混乱嘈杂、浓烟滚滚和惊涛骇浪。船体进水还不是最危险的，最危险的是船上起火。军舰上满载易燃燃料和弹药，一旦着火就会造成巨大灾难。美国在第二次世界大战期间损失的五艘航母中，只有一艘是由于进水沉没，其余四艘都是因为火势无法控制。为避免再次出现此类事故，军舰上将迎来一名协助伤害控制的新船员——由美国海军研究办公室开发的舰载自主消防机器人（Shipboard Autonomous Firefighting Robot，SAFFiR）。

SAFFiR 的原型样机看起来像经典的机械人，与 Atlas（见第四章第四节人形机器人 ATLAS）和机器宇航员（见第四章第一节机器宇航员 ROBONAUT 2）一样是双足人形机器人，其设计适合与人类在同一空间工作并使用人类的工具。SAFFiR 能够开关门和舱门，还会操作现有消防设备。

SAFFiR 的肢体有 24 个自由度，为了能在暴风雨中工作，它要像水手一样在船上保持平衡，开发人员称之为“全身动量控制”问题，也就是说，在非确定、非稳定的平面上，机器人的全部关节需要同时运动，以保证机体质心处于受支撑位置。在这种情形下人类无须思考，天生就会迈小步、抬起胳膊抓支撑物或维持平衡，但对机器人而言，这是一项需要学习的新技能。

起火的船只对消防员而言既困难又危险。浓烟让人无法呼吸、看不清周围任何东西，消防员也不能像在陆地上那样，站在几十米外举着消防软管喷水就行。SAFFiR 不用呼吸意味着不会呛到，也不用担心有毒气体。原型样机还没有安装热屏蔽装置，未来成型的产品将使用热屏蔽材料，使机器人能承受更长时间的高温。不仅如此，机器人还防水，可以在淹没的船舱中工作。最后，机器人还可以是消耗品，在必须派谁进入火海去关舱门、堵住进水口，可能一去不复返的情况下，机器人显然是最佳人选。

SAFFiR 有两套传感系统：一台热像仪和一台激光雷达（见第一章第九节管道巡检机器人系统），两者均能穿透烟雾进行探测。热像仪能够定位火源并评估火势，有了热像仪提供的温度信息，机器人可以判断出舱门或舱壁另一侧是否起火；复杂精密的热成像系统能够判断热源的性质与移动方向，从而区分实际火源和高温材料，并区分热反射与热源，从而精确定位火源，并用灭火器灭火。

SAFFiR 原型样机是遥控的，而它最终将升级为自主机器人，在船上自主规划路线、翻越障碍物。机器人将作为消防队伍的一部分，与人类消防员并肩工作，通过对话、手势乃至触碰来传达信息。海军研究人员发现，在伤害控制任务中，船员往往通过推、拉同伴来警告危险或提醒对方移动。

SAFFiR 不是消防队中唯一的机器人，该研究项目也在开发微型飞机，即一种能够快速穿越船舱狭窄空间、传回传感器数据的小型四轴飞行器。该飞行器能够辅助评估伤害程度，指挥 SAFFiR 前往最需要救火的位置。

SAFFiR 如此适合消防，自然也应该开发其陆地版本。在船上应用时，如此强大的机器人不应该被闲置，等紧急情况时才投入使用。开发者正在尝试让 SAFFiR 承担起船上的常规任务。毕竟已经是 21 世纪了，洗甲板、擦栏杆一类的工作该交给 SAFFiR 这样的机器人去做了。当然，只有当人类自诩的顽强冷静在火海面前不堪一击的时候，SAFFiR 才会体现出它不可或缺的价值。

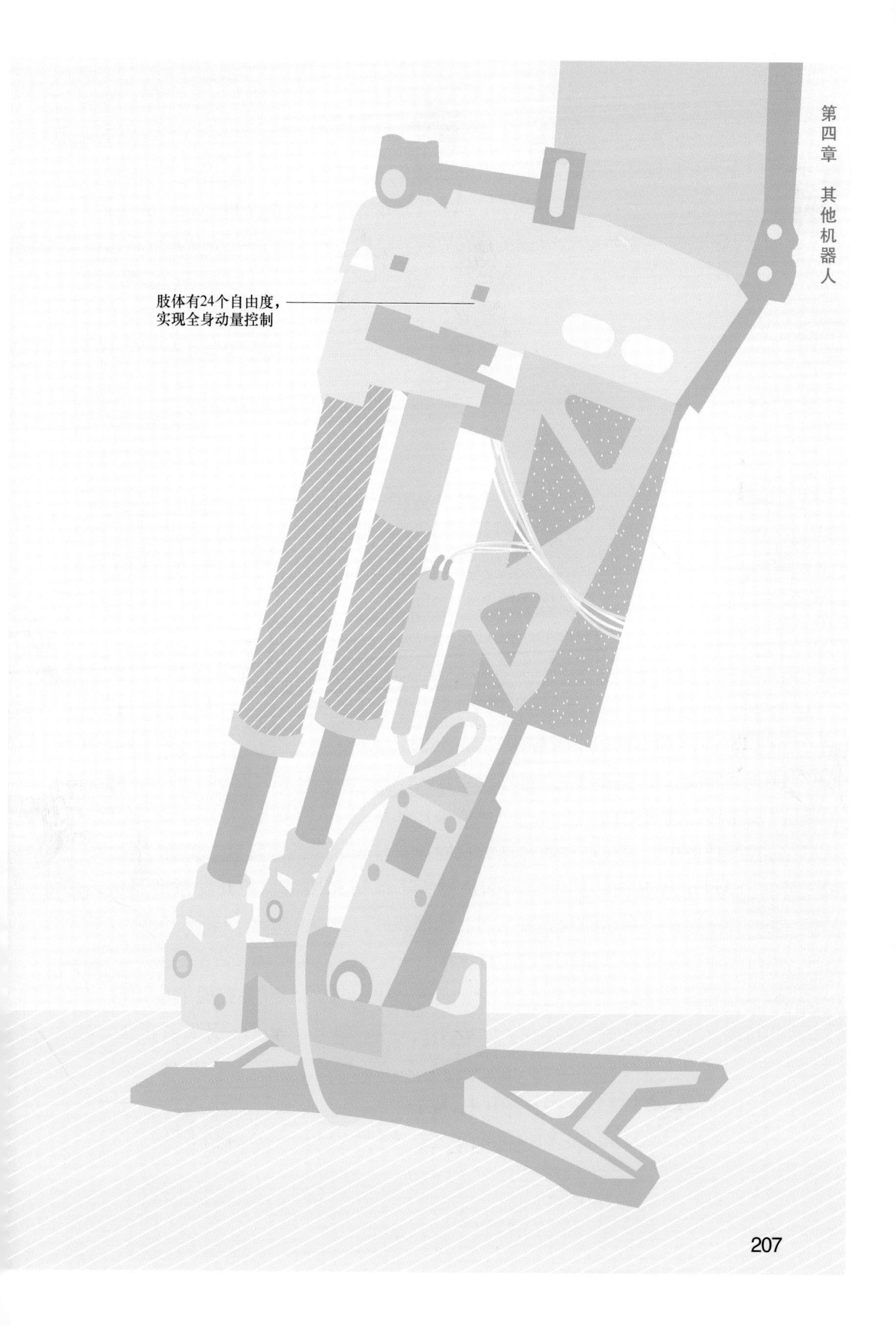
肢体有24个自由度，
实现全身动量控制

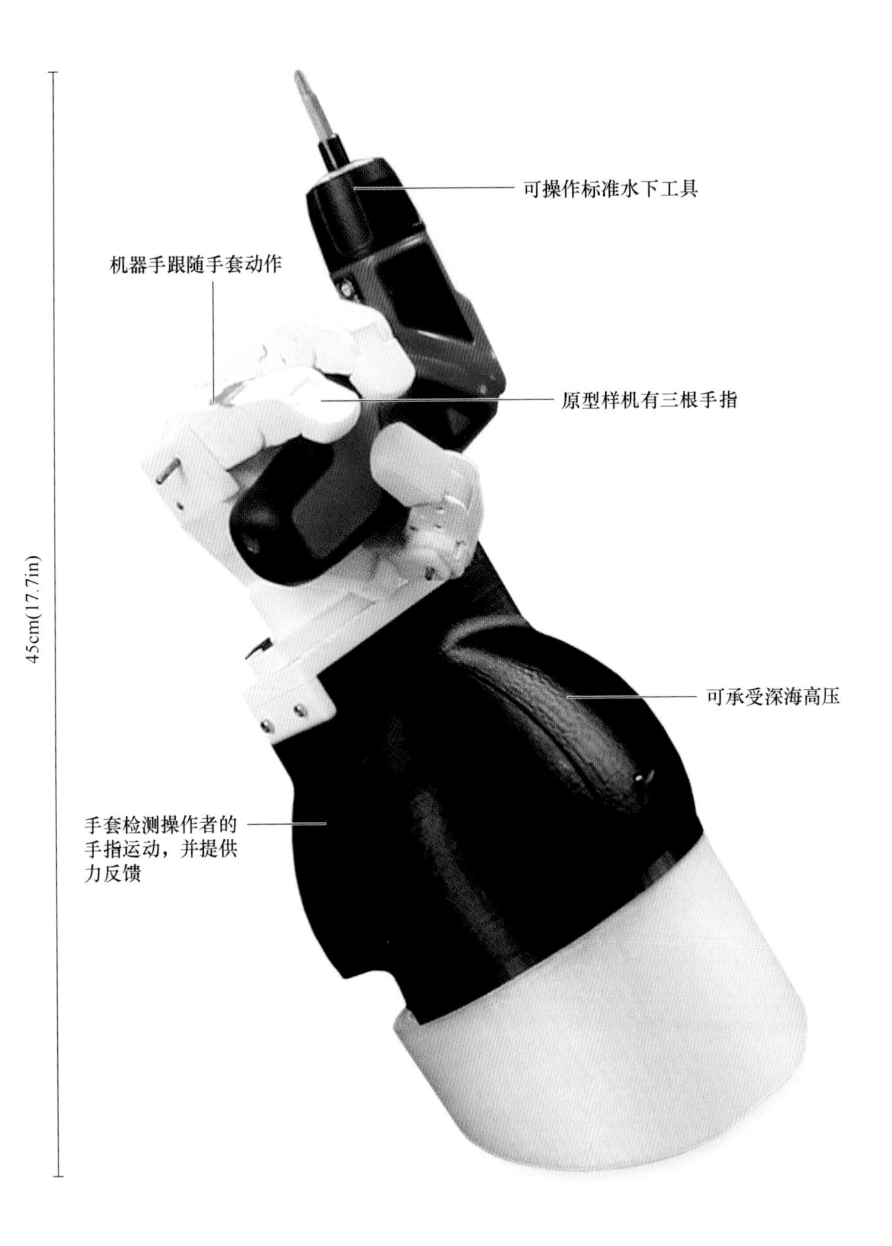

45cm(17.7in)
可操作标准水下工具
机器手跟随手套动作
原型样机有三根手指
可承受深海高压
手套检测操作者的手指运动，并提供力反馈

第十一节 深海机械手维沙瓦伸肌装置

高度	45cm（17.7in）
重量	1.8kg（4lb）
年份	2014 年
材料	钛
主处理器	商用处理器
动力	外接电源

人手是一种独特的操纵器，在机器上复现人手的功能十分困难，更不要说在深海或其他极端环境中遥控操作了。

水肺潜水者最多可以下潜到 100 m（328 ft）深处，对更深处的水压就难以承受了。因此，深潜时要穿抗压潜水服（Atmospheric Dive Suit），即一个人形的硬壳，内部空气处于正常大气压状态。抗压潜水服的压力和厚度意味着深潜者无法戴五指手套，只能使用龙虾钳子一样的“握取器”（prehensors）。握取器只有张开和并拢两种位置，即只有一个自由度，因而很难抓取形状不规则的物体，更没法操作其他工具，连执行拧螺钉这样最简单的任务都十分耗时耗力。

于是，美国马萨诸塞州剑桥市（Cambridge，Massachusetts）维沙瓦机器人（Vishwa Robotics）公司 CEO 巴加夫·盖贾尔（Bhargav Gajjar）开发出一种新型遥控机械手，名为“维沙瓦伸肌装置”（Vishwa Extensor）。操作者将手伸进一只手套中，机械手就会跟随手套的动作。机械手上的传感器提供力反馈，操作者的手便可感受到机械手遇到的阻力。这种触觉传感可让操作者在遥控操作物体时按需施加适当大小的力。

机械手有四根手指，包括对掌的拇指。最初盖贾尔没有设计成五根手指，是由于人类的无名指和小指通常一起动作，但后来的版本改成了五指，以增加握力。每根指头有四个自由度，手腕又有三个自由度，能够跟随操作者的手部动作。维沙瓦伸肌装置与智能仿生手（见第二章第九节智能仿生手 Bebionic Hand）一样，实现了达·芬奇用机器匹敌人类关节的梦想。

深潜用到的各类手动工具，维沙瓦伸肌装置都能操作。握取器难以执行或根本无法执行的操作，伸肌装置都可以轻易完成，例如使用扳手，捡起螺母并固定在螺栓上，握住电钻或操纵触发器。打开潜艇舱门是深潜时的一项关键操作，但对伸肌装置而言简直易如反掌。

盖贾尔开发机械手是为了将其应用于美国海军潜水部队和无人潜艇。潜水者可用机械手近距离操作物体，船上的操作员也可以遥控机械手操作海床上的物体。

军方很可能采用伸肌装置来排除水雷、打捞或取回失事船只，也可以让它去安装和维护传感器、通信电缆等水下基础设施。非军事人员也可能受益于伸肌装置：海洋生物科考和考古工作都需要小心处置精细脆弱的物品，在拾取珊瑚等海底生物时，就可以用上伸肌装置；此外，商业潜水者此前用握取器无法操作凿锤、焊枪等工具，现在也可以用伸肌装置完成。

未来，伸肌装置的应用将远不止潜水领域。盖贾尔认为，实验室和工业领域处理放射性物质或有害生物样本等危险材料时，也可以遥控伸肌装置。空间探索中，伸肌装置所用的技术有助于将 NASA 机器宇航员改装成遥控机械手，对机器宇航员难以完成的舱外任务，操作者可以在空间站内遥控机器去完成。

伸肌装置未必和人手一样大小。小巧的机械手可以进入患者体内，由外科医生遥控完成手术操作，这比达·芬奇外科手术系统（见第二章第二节达·芬奇外科手术系统）中的手术工具更灵活；反之，巨型且力量增强的机械手可以用于大型工作，例如水下作业或空间作业。总之，伸肌装置的应用领域十分广阔，使用者的想象力将是唯一的局限。

后续版本改成了五指

Geminoid HI-4是其创造者
石黑浩教授自身的复制

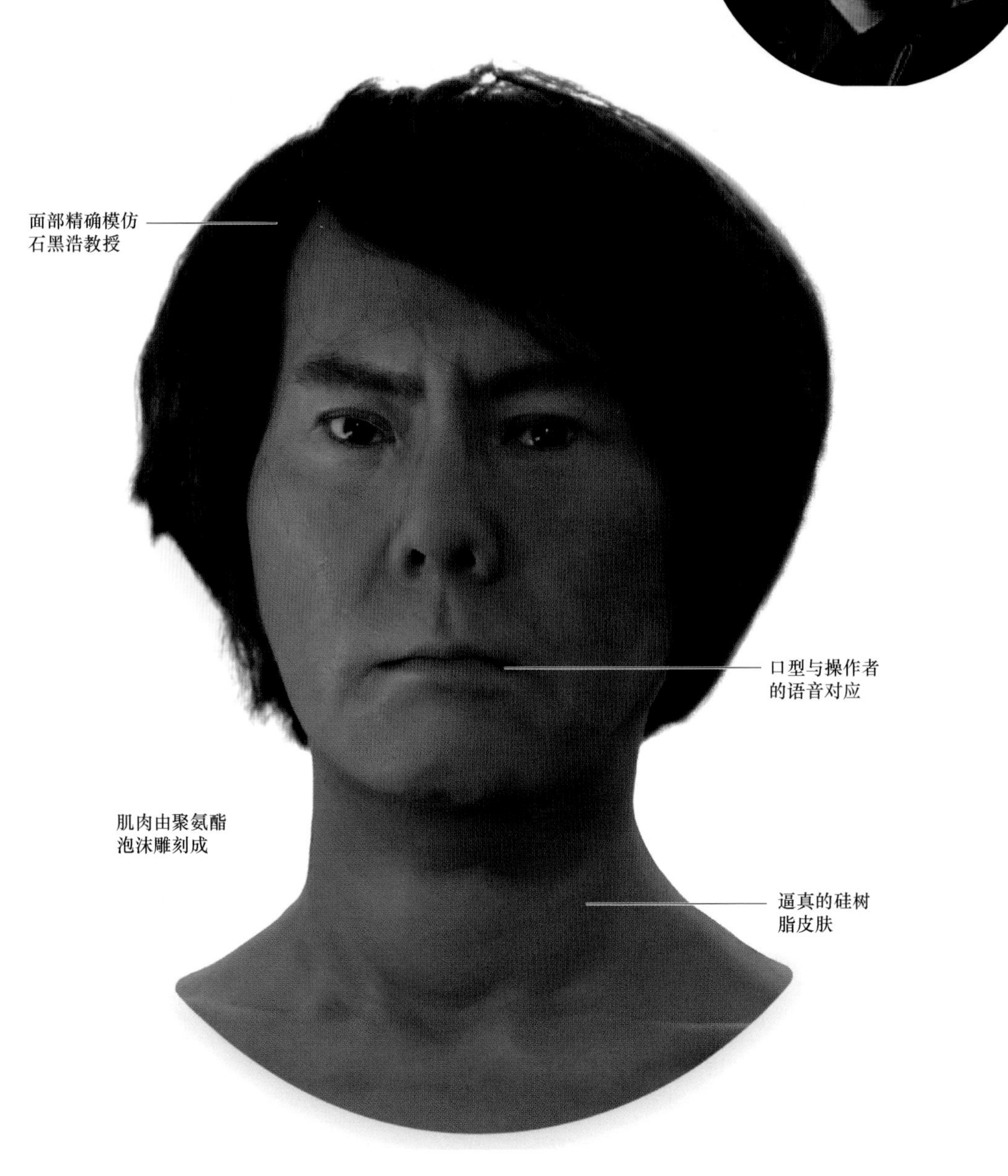

第十二节
类人机器人 Geminoid HI-4

高度	坐高 1.4m（4.6ft）
重量	约 20kg（44lb）
年份	2013 年
材料	金属骨骼
主处理器	无（远程控制）
动力	外接电源及气动

Geminoid 是一类精确复制活人的人形机器人，用于探索人机交互的可能性。Geminoid 的诡异感正是它们设计中的一部分。

1970 年，日本机器人学教授森政弘（Masahiro Mori）提出了“恐怖谷”（Uncanny Valley）的概念：随着机器人的类人程度提升，人类对机器人的接受度将存在一个断崖式降低的区间。也就是说，人们很容易接受外形与人类完全不同的机器，例如工业机器人，也很容易接受看起来与人类毫无差异的仿人机器人，但长得很像人类却又有一些不同的机器人，会引起人们强烈的厌恶。

洋娃娃和木偶制造商一直深谙此道：要想让产品受欢迎，就必须做成卡通形象，而不能严格地模仿人形。同理，商店橱窗里的假人最好做得抽象、风格化一点，如果看上去太像真人，它们面无表情凝视前方的面孔就会吓到顾客。森教授还指出，动画人偶（animatronics）如果做得十分逼真，那么观众在某一刻突然发现它们不是真人的时候，就会跌入恐怖谷。

恐怖谷问题是“社交机器人”的设计者和制造者所面临的基本问题。社交机器人是与人类互动，尤其是照顾老人小孩的机器人。开发者一方面希望机器人外形像人，从而能用友好、亲近、人性化的方式与用户沟通；另一方面又希望避开恐怖谷，以免用户突然被吓到或感到不适。

大阪大学工程科学学院教授石黑浩（Hiroshi Ishiguro）处于该研究领域的前沿。石黑教授提出了“Geminoid”的概念，即完全复制某个真实的人的机器人。Geminoid HI-4 就是对石黑教授自己的复制，虽然 HI-4 外形完全像人，但它只能遥控，也不智能。机器人有 16 个气动驱动器，12 个在面部，4 个在躯干中。操作者操纵远端临场（telepresence）装置，使机器人模仿自己的面部表情和动作。

开发 HI-4 的目的之一是用机器人作为人机交互的测试平台，模拟人的存在，探索人类如何形成对他人存在性的认知。由于人工智能（AI）技术尚不发达，目前最简单的研究方式还是遥控机器人做反应。

HI-4 的肌肉由聚氨酯泡沫雕刻成，硅树脂做的皮肤与人类的皮肤十分类似。石黑教授说 HI-4 能够给人们一种他本人在现场的感觉，那些认识他的人与 HI-4 的互动就像同他本人互动一样；另一方面，当人们对着 HI-4 说话时，石黑教授在远程实验室中也感觉像是他人直接与自己对话。

Geminoid 可以用来直接探索恐怖谷。继森教授最初发表关于恐怖谷的论文之后，研究者一直在关注两个关键因素——诡异度和受欢迎度。随着人们与机器人接触的次数增多，这两个因素也可能改变。Geminoid 的受欢迎度基本上只由机器人的行为决定，不受接触次数影响，而诡异度随着与人类接触次数增多而逐渐下降。人形机器人与其他新技术一样，刚开始时可能感觉不适应，但接触多了就会逐渐成为人类生活的一部分。

在一组与 Geminoid 对话的测试中，大约 40% 的受试者表示有诡异的感觉，而 29% 的受试者则感觉愉悦。这些测试结果，尤其是受试者报告的 Geminoid 诡异的具体特性，包括肢体动作、面部表情和眼神，在下一代机器人的设计中都会考虑到并改进。

未来是否会出现完全像人的机器人，我们尚不能确定。不过对研究者而言，探索寻找能够规避恐怖谷且受人喜爱的机器人设计，才是科学研究中的重点问题。

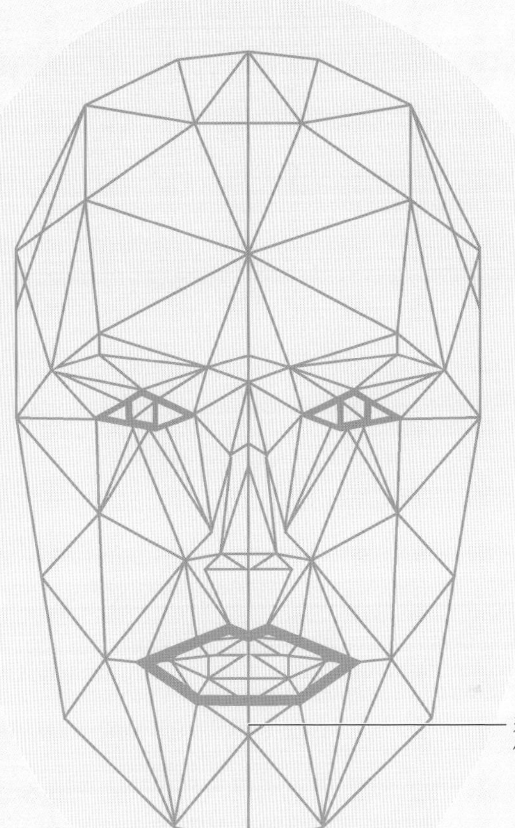

采用16个气动驱动器模仿操作者的面部表情及动作

操作者可通过摄影机
监控局势
手臂可做手势
1.7m(5.6ft)
轮式基座

第十三节 迪拜机器人警察 Reem

高度	1.7m（5.6ft）
重量	约 100kg（220lb）
年份	2017 年
材料	复合材料
主处理器	商用处理器
动力	电池

1989 年的电影《机械战警》（*Robocop*）在大众心里留下了深刻印象。主角是一个半人半机械的生化电子人，它使用超强火力对付武装团伙。“机械战警”是一个严肃的执法者，完全不同于我们平时认识的友好的巡警，然而迪拜政府依然选择给机器人警察取名“机械战警”。

迪拜的“机械战警”与电影中全副武装的装甲机器人大相径庭。迪拜的机器人警察又叫 Reem，原型是西班牙 Pal Robotics 公司制造的通用展会及会议机器人，看起来更像一个移动信息亭，胸前还有触屏能实现人机交互。

迪拜警局部署机器人警察，是为了方便市民举报犯罪、获取信息并缴纳交通罚款。据报道，警局正在考虑通过加装 IBM 公司的沃森（Watson）人工智能系统，让“机械战警”能够与人类对话，采访证人，智能地提问而不是只依据预先设定的脚本。

“机械战警”的这些工作是否真的需要一个实体机器人，值得怀疑。只要建好一个网站或手机应用，市民就可以通过智能手机来举报犯罪、缴纳罚款、随时随地发起对话，并不需要亲自找到机器人警察。

其实，“机械战警”的主要目的也许是公关。人们经常在购物中心等公共场所看到它，就会慢慢适应机器人警察巡逻这一理念。几十年来，特警部队一直采用机器人处理炸弹，也在尝试建立警用无人机部队，然而这些举措遭到了公众的强烈反对。大众不信任机器人，电影《机械战警》也反映并加深了这种不信任。

所以，要通过 Reem 这样温和的机器人，逐渐改变公众心理。机器人警察 Reem 不仅可以充当信息亭，也会巡逻街道，还配备了摄影机作为移动闭路电视。机器人可以观察、记录犯罪行为并实施逮捕，但没法扣押或追捕罪犯，尤其是如果罪犯从楼梯逃跑的话。

迪拜警方希望在 2030 年之前将 1/4 的警力替换为机器人。“机械战警”并不能一对一地取代人类警察，还需要其他类型机器人的帮忙。2017 年 6 月，在宣布使用“机械战警”几周后，迪拜政府又展示了一辆由新加坡 OT-SAW Digital 公司开发的小型自动驾驶电动警车 O-R3。O-R3 配备了 360°环视摄影机和自动化“异常检测”软件，可以随时观察寻找犯罪活动，甚至可以发射四轴飞行器去追踪嫌犯。

这辆警车所用的技术只要稍加改进就可以用于制服嫌犯。开发者已经测试了配备电击枪、胡椒粉喷雾剂或其他武器的四轴飞行器，技术方面没有问题，是否部署这类无人机则主要取决于政治意愿和公众接受度。有人担心这项充满争议的技术背后存在险恶动机：一群机器人警官很容易击溃游行示威的人群，机器人只需执行机械操作，不受任何良心谴责。也就是说，机器人警察是极权主义警察国家的理想选择。

潜在的政治隐患不是机器人本身的错，而是人类使用方式的错。警察处理潜在炸弹时，只需派遣机器人即可，以避免人员伤亡。同理，应对危险的犯罪嫌疑人时，派遣机器人也可以保证人类警察人身安全。机器人警察配有送话器和扬声器，能与人类警官保持双向通信，人类警官可以远程、镇定、理智地与嫌犯交流，最坏的结果无非是损失一个无人机或机器人。

在现今警力严重不足的情况下，使用巡逻机器人可以扩大警力威慑范围。机器人警察内置了摄影机，其任何动作都会记录下来作为证据。机器人不会对犯罪行为视而不见，它们可以真正做到主持正义。

我们应当密切监控机器人警察的应用方式，而不是因噎废食，无视它们可能带来的益处。

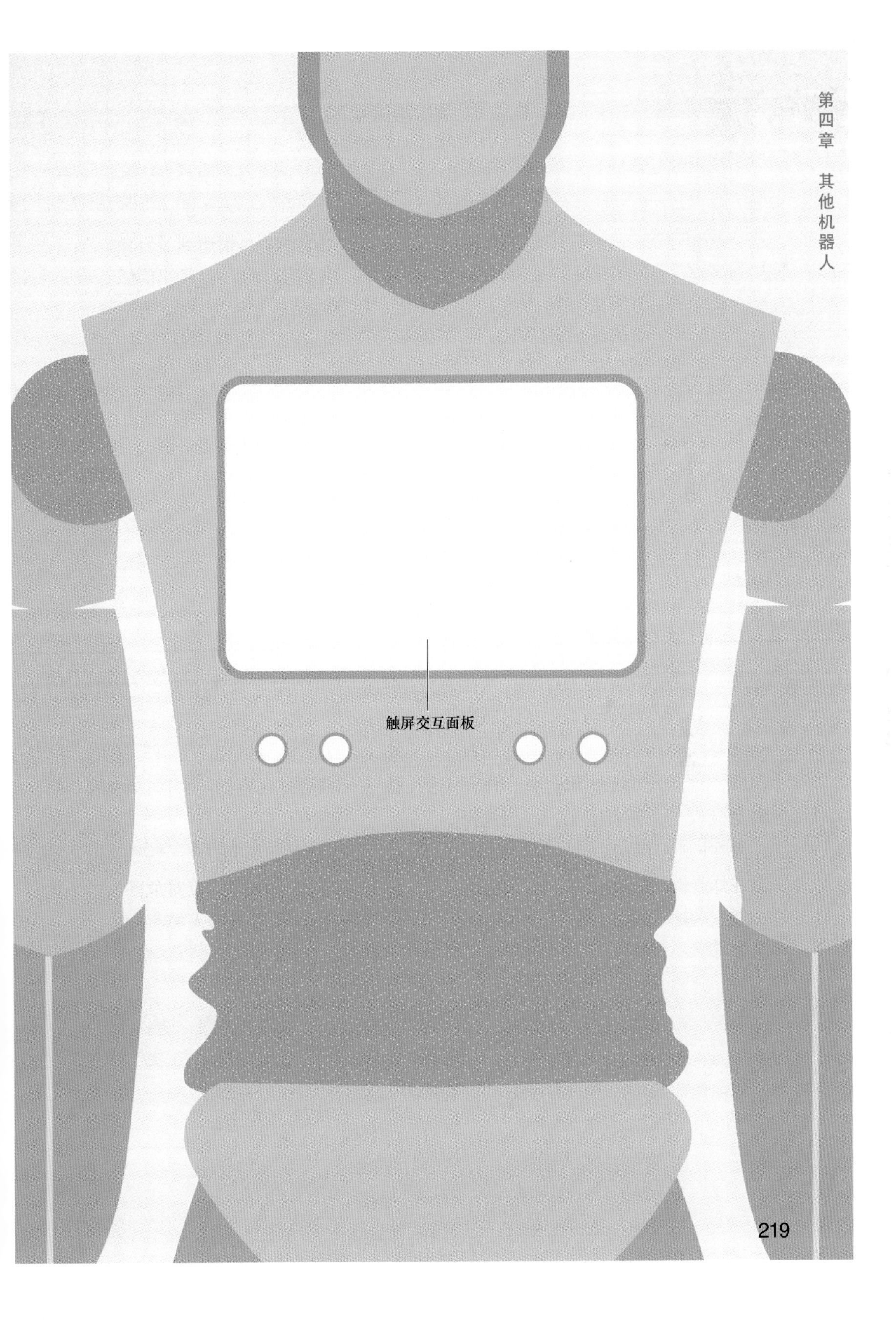
触屏交互面板